MARÉCHALERIE PRATIQUE

Dépannage, Ferrage

Claude LUX

MARÉCHALERIE PRATIQUE

Dépannage, Ferrage

Collection Cheval pratique

MALOINE

Chez le même éditeur :

Collection : « Cheval pratique »

Le nouveau palefrenier-soigneur, C. Lux.
Cheval : 100 trucs utiles, C. Lux.
Bien choisir son cheval, Collectif.
Le cheval en pâture, C. Lux.
Maréchalerie pratique : dépannage, ferrage, C. Lux.
Le jeune cheval : éducation, débourrage, dressage élémentaire, C. Lux.
Cheval : le saviez-vous ? C. Lux.
Cheval : guide pratique des métiers et activités, C. Lux.
Cheval : trucs pratiques, C. Lux.
Poney pratique : équitation, propriété, soins, C. Lux.
Le cheval d'extérieur : l'éduquer, le dresser, V. de Saint-Vaulry.
Cheval : 173 erreurs à éviter, C. Lux.
Cheval : bricotrucs, C. Lux
Avoir un âne chez soi, Irène Van de Ponseele

Collection : « Cahiers pratiques du cheval »

Pansage, toilettage, nattage, C. Lux.
36 numéros amusants de dressage et d'adresses, C. Lux.
Bien équiper son cheval, C. Lux.
J'élève mon poulain, C. Lux.

Collection : « Nouveaux examens d'équitation »

Préparer ses examens : Galops 1, 2, 3.
Préparer ses examens : Galops 4 et 5.
Préparer ses examens : Galop 6.

Hors collection

Réaliser son écurie, C. Lux.
Être cavalier randonneur, C. Lux.
Être cavalier propriétaire, C. Lux.

Aux Éditions M. A. :

Le guide du tourisme à cheval, C. Lux.

Photo de couverture : P. Miriski

Dépôt légal – avril 1993 – I.S.B.N. 2-224-02028-7
Imprimé en France

Si l'on en croit le *précis de maréchalerie* d'Autheville et Fromond, le chevalier médiéval entretenait lui-même ses armes et sa monture et, de surcroît, devait savoir ferrer lui-même son cheval. Aujourd'hui, les cavaliers peuvent heureusement se reposer sur des professionnels.

Cependant par souci d'autonomie, il est parfois très utile de savoir effectuer quelques opérations de maréchalerie, comme consolider une ferrure usée ou remplacer un fer perdu. Ces connaissances vous feront gagner du temps et de l'argent. Aussi, tout cavalier peut, s'il le souhaite, suivre un stage d'initiation aux techniques de maréchalerie. La littérature propre à ce domaine constitue une autre source d'enseignement non négligeable, citons par exemple *Le parfait maréchal* écrit par Solleysel en 1664.

Maréchalerie pratique entend lui aussi, par ses explications et ses nombreux croquis, vous enseigner les bases de la maréchalerie ; tous les mots techniques sont en italique dans le texte et vous sont expliqués dans un lexique situé en fin d'ouvrage.

Je remercie vivement Bernard Herrman,
maréchal-ferrant, pour son aide
et ses précieux conseils.

SOMMAIRE

LE FERRAGE

POURQUOI FERRER ?

La corne des sabots est une protection naturelle suffisante pour le cheval en liberté. En effet, le cheval libre se déplace essentiellement au pas et sur les terrains souples des prairies. Dans ces conditions, la corne repousse au fur et à mesure qu'elle s'use.

Chez un cheval domestique, en revanche, la corne s'use beaucoup plus vite qu'elle ne pousse : attelé ou monté, le cheval se déplace fréquemment, à des allures imposées, et qui plus est, sur les routes dont l'action abrasive ne fait qu'accélérer l'usure des sabots.

Dès l'antiquité, les Grecs et les Romains avaient inventé l'*hipposandale* pour protéger les sabots des chevaux. Elle comportait une semelle de cuir ou de jonc tressé renforcée par une plaque de fer. Les premiers fers cloués apparurent plus tard, à l'époque des Celtes et des Gaulois.

Les clous avaient alors une tête aplatie en forme de « clé de violon ». Les têtes des clous étaient peu saillantes et les lames, carrées. Des fers rainés d'origine Gallo-romaine ont été trouvés en Belgique, en Allemagne. Ce n'est qu'au XVIe siècle que la ferrure commence à évoluer en Europe, pour aboutir, au XIXe siècle, à un modèle proche de la ferrure actuelle.

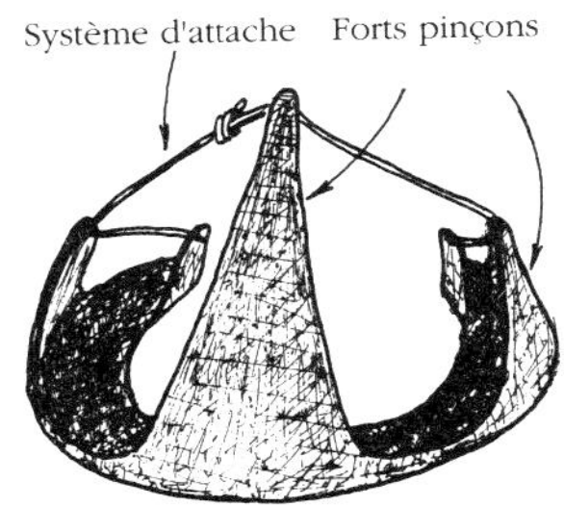

Une hipposandale

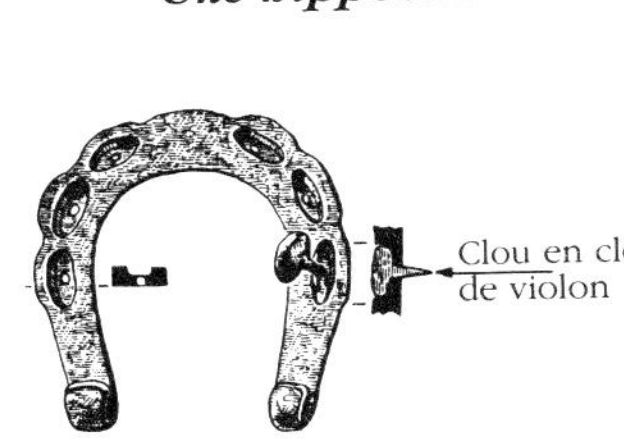

Fer gaulois

LE PIED

LES FONCTIONS DU PIED

Le pied du cheval assure plusieurs fonctions primordiales. Pierre Désiré Allaire, le célèbre entraîneur de trotteurs, considère le pied comme « la fondation » même du cheval. D'ailleurs, l'adage selon lequel no *foot, no horse* (pas de pied, pas de cheval) laisse entendre l'attention extrême qu'on lui porte, car toute faiblesse du pied met le cheval hors d'usage.

Le pied sert aussi d'amortisseur (voir « mécanisme amortisseur du pied »). Si, pour diverses raisons il ne peut remplir cette fonction, les tendons et les articulations en pâtissent.

Le pied permet également au cheval de gratter le sol et de se défendre en frappant un adversaire.

Doté d'une sensibilité extrême, le pied perçoit les moindres vibrations du sol.

DESCRIPTION DU PIED

Structure externe

De face

Le pied est moins large en haut qu'en bas, plus évasé dehors qu'en dedans, d'une hauteur sensiblement égale des deux côtés.

De profil

La ligne de la *pince* prolonge celle du paturon. L'angularité des postérieurs par rapport à l'horizontale est un peu plus importante que celle des antérieurs. La hauteur des talons correspond environ à la moitié de celle de la pince. Les talons sont parallèles à la pince.

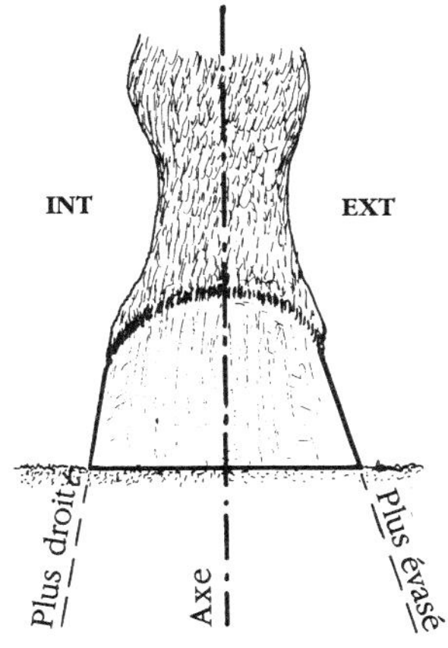

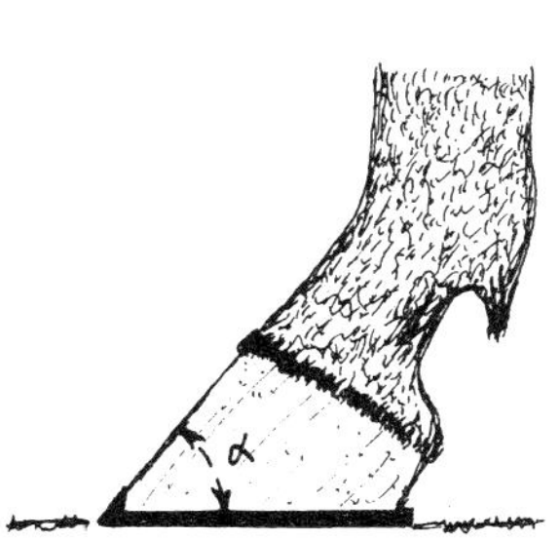

Angularités d'un pied

De derrière La *fourchette* est en contact avec le sol. Les talons sont bien écartés et d'égale hauteur.

En-dessous

- L'axe du membre (voir croquis) doit être perpendiculaire à celui de la face plantaire.
- La ligne des talons doit être perpendiculaire à l'axe de la fourchette.

Les axes du pied

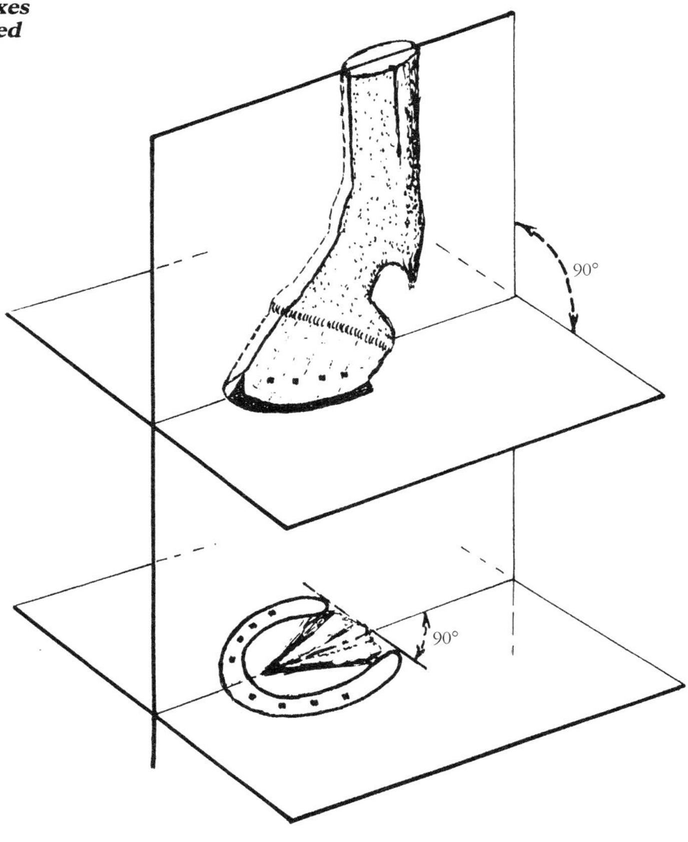

- La fourchette doit être forte et saine.

- Le pied antérieur est plutôt rond, alors que le postérieur est plutôt ovale. La sole du postérieur est plus creuse que celle de l'antérieur.

Le pied idéal n'existe pas, mais à titre comparatif, on parle de « beau pied ».
La taille du pied doit être proportionnelle à celle du cheval. Notez que dans les régions sèches, les pieds sont naturellement plus petits que dans les régions humides au sol marécageux. Car plus les pieds sont larges, moins ils s'enfoncent dans le sol.

Le sabot

Le sabot est une enveloppe de corne comprenant la paroi, la sole et la fourchette. Ces trois parties sont intimement liées entre elles :

- *La paroi* ou *muraille* est la partie visible du sabot. C'est une enveloppe de corne lisse ; en observant la face plantaire, on distingue plusieurs parties : la *ligne blanche* ou *sillon circulaire,* rejoint la sole au bord inférieur de la paroi. C'est elle qui détermine la limite de pénétration des clous. La muraille est plus épaisse à la pince (1 cm) qu'aux talons (0,5 cm).

- *La sole* est moins dure que la paroi ; elle forme une voûte sous le pied.

- *La fourchette* a une forme triangulaire. Elle recouvre le coussinet plantaire. Sa corne est molle.

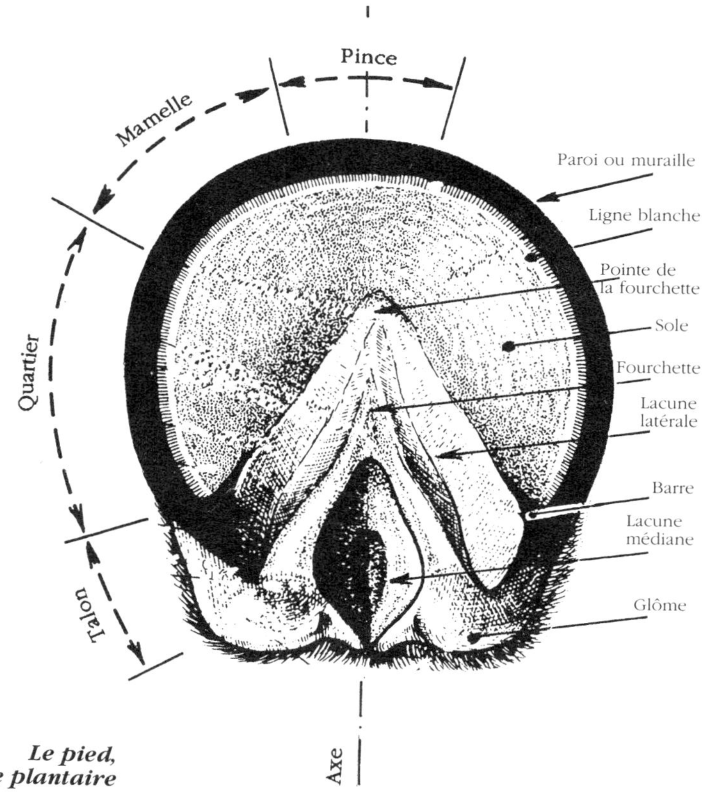

Le pied,
face plantaire

- *Deux lacunes latérales* bordent la fourchette et une lacune médiane divise la fourchette en deux branches, lesquelles sont prolongées par *les glômes.*

NATURE DE LA CORNE

La corne a pour particularité de gonfler et de ramollir à l'humidité, et de se resserrer en devenant cassante lorsqu'elle se dessèche. Il est donc indispensable d'en préserver l'humidité. A proximité des tissus, la corne tend à conserver sa souplesse. Bon isolant, la corne protège le pied des brûlures au moment du ferrage à chaud.
La pousse du sabot, dite *avalure,* est d'environ 1 cm par mois. Elle est plus rapide en été qu'en hiver. Un ralentissement de la pousse ou bien une corne de mauvaise qualité sont signes de mauvaise santé. Par ailleurs, il est reconnu que la corne blanche s'use plus rapidement que la corne noire.

La membrane kératogène

La membrane kératogène est un tissu de chair qui enveloppe toute l'articulation du pied, laquelle comprend :

- *Le bourrelet périoplique* ; il sécrète le *périople* : une sorte de vernis destiné à recouvrir le haut de la muraille pour qu'elle conserve son humidité.

- *Le bourrelet principal* d'où pousse la muraille. Il longe le pourtour de la *couronne.*

- *Le podophylle.* Ce tissu de chair cannelé ou feuilleté unit la partie vivante du pied au sabot.

- *Le tissu velouté* ou *la chair veloutée* tapisse la face et le coussinet plantaires.

Structure interne

Les os du pied

- L'os du paturon constitue la première phalange du pied
- L'os de la couronne correspond à la deuxième phalange.
- L'os du pied ou du sabot forme la troisième phalange.
- L'os naviculaire ou petit sésamoïde sert de poulie de transmission au tendon fléchisseur. Sa largeur limite les mouvements latéraux du pied.

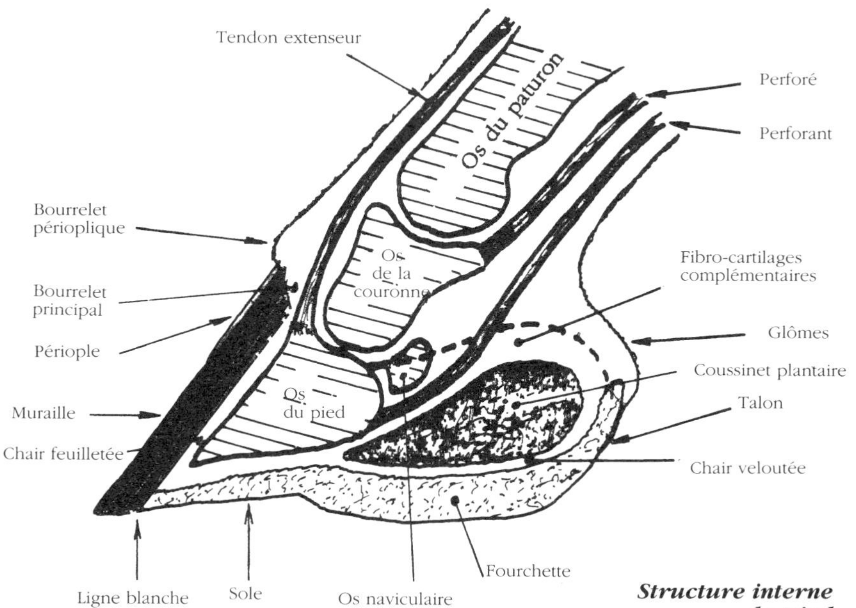

Structure interne du pied

Les ligaments et les poches de lubrification

Les ligaments inextensibles relient solidement les os entre eux. Les articulations sont lubrifiées par la synovie.

■

Les tendons

Les tendons, à peine extensibles, prolongent les muscles et sont fortement attachés aux os. Le tendon extenseur permet d'étendre le pied vers l'avant, le tendon fléchisseur (ou perforant), permet à l'inverse le fléchissement du pied vers l'arrière.

■

Le dispositif d'amortissement

Il comporte les fibro-cartilages complémentaires et le coussinet plantaire. Les fibro-cartilages sur l'arrière et les côtés forment deux boucliers flexibles. Le coussinet plantaire est un gros coin élastique ; situé sous la fourchette, il contribue à amortir les chocs.

■

Les vaisseaux sanguins et les nerfs

Les artères digitales véhiculent le sang jusqu'aux pieds. Leurs battements sont perceptibles à l'arrière et le long du paturon. Les artères et les veines irriguent si généreusement l'intérieur du pied qu'elles peuvent se comparer à une éponge : elles ont donc la capacité de se comprimer en favorisant ainsi activement l'amortissement des chocs.

Enfin le pied, particulièrement innervé, présente une vive sensibilité.

LE MECANISME DU PIED

Le poids qui s'exerce sur le membre, comprime et écrase sur le sol le coussinet plantaire et surtout la fourchette. Cette compression provoque des pressions latérales contre les fibro-cartilages et contre la paroi du sabot. La fourchette se dilate donc à hauteur des talons. Le manque de souplesse de la corne ou la présence de clous dans les parties arrières du sabot peuvent empêcher l'amortissement de s'opérer au niveau des talons. Le cheval en souffre et prend des allures « piquées » ; la fourchette s'atrophie progressivement, les talons se resserrent et le mal continue à évoluer jusqu'à ce que survienne la redoutable encastelure. Pour vérifier le libre jeu de l'amortissement, observez l'usure, provoquée par la corne des talons sur les faces supérieures des éponges des fers. Imaginez ce qu'il a fallu comme frottements pour que la corne molle puisse user le métal dur !

Le mécanisme du pied

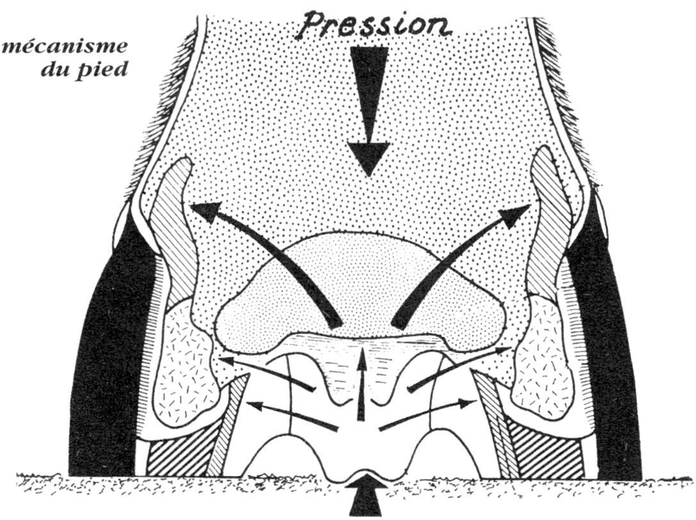

Appui de la fourchette

APLOMBS ET ALLURES

La mauvaise orientation d'un membre peut avoir des conséquences dramatiques sur les articulations et les tendons d'un cheval. Particulièrement chez le « cheval athlète » soumis aux rigueurs de la compétition. Toute intervention en maréchalerie s'appuie donc sur une observation approfondie des éventuels défauts d'aplombs.

Aplombs réguliers et irréguliers

L'*aplomb* représente la direction du membre du cheval. Les aplombs sont observés sur un terrain horizontal, de face, de derrière et de profil, à l'arrêt puis au pas et au trot. Les membres verticaux déterminent des aplombs *réguliers*. Dans les autres cas, ils sont *irréguliers* ou *défectueux*.

Aplombs des membres antérieurs

De face

Une ligne verticale depuis la pointe de l'épaule doit diviser le membre en deux parties égales et passer par le milieu de la pince.

- Si cette verticale tombe en *dehors*, le cheval est *serré*. Le côté externe du sabot est surchargé de sorte que la muraille pousse

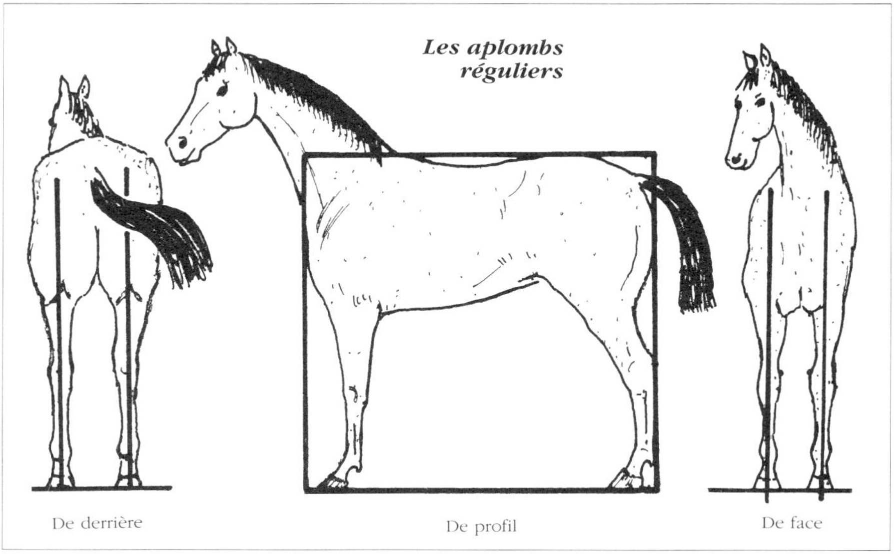

droit sur le côté extérieur et oblique sur le côté intérieur.

- A l'inverse, si la verticale tombe *en dedans,* le cheval est *trop ouvert* ; le côté interne du sabot est surchargé. La muraille est droite du côté interne et oblique du côté externe.

- Si la *pince* du pied est tournée *en dehors*, le cheval est *panard.* Si elle est tournée *en dedans* le cheval est *cagneux.*

De profil La verticale depuis le tiers postérieur de l'épaule doit diviser le membre en deux parties égales et tomber un peu en arrière des talons.

- Si cette verticale tombe sur *le pied,* le cheval est *sous lui du devant.* Dans ce cas, les talons sont hauts, la pince est courte et surchargée.

- Si cette verticale tombe trop en arrière, le cheval est *campé du devant.* Ses talons surchargés sont bas et la pince est longue.

- Si le *genou* est dévié vers *l'avant,* le cheval est *arqué* ou *brassicourt* : est arqué, le cheval dont les genoux se sont « usés » au travail ; est brassicourt, le cheval dont les genoux présentent une malformation dès la naissance. Le cheval a alors tendance à buter.

- Dans ce cas contraire, si le *genou* part vers *l'arrière* le cheval est dit : *genou creux* ou *genou de mouton.* Ses talons sont surchargés.

- Si le *boulet* est très dévié en avant, le cheval est *bouleté.*

Aplombs des membres postérieurs

De derrière

Une ligne verticale depuis la pointe de la fesse divise le membre en deux parties égales.

- Si cette verticale tombe *en dehors,* le cheval est *serré.*

- Dans le cas contraire, il est *ouvert.* La déviation peut porter sur une partie du membre uniquement. Dans ce cas, les *jarrets* sont *clos* ou *ouverts.*

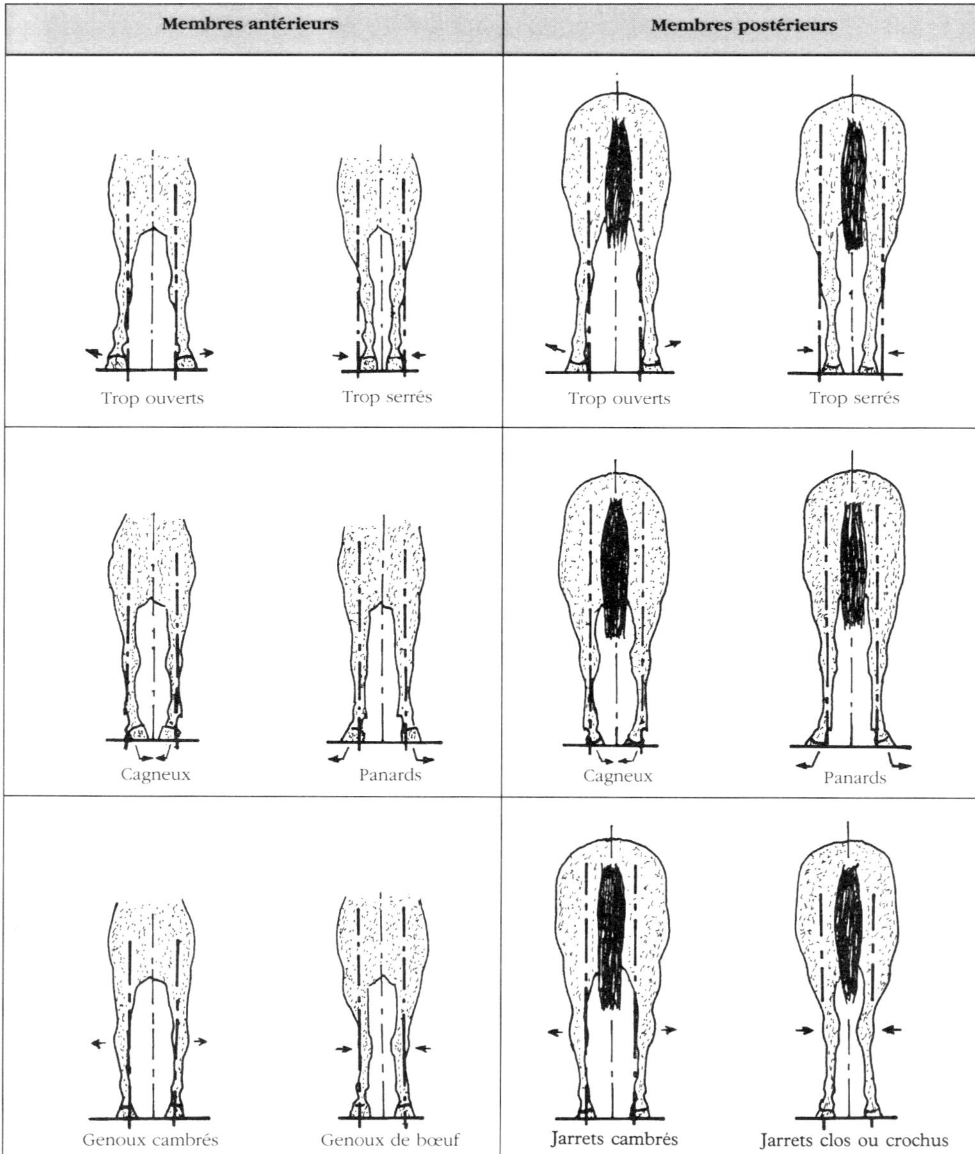

Examen des aplombs

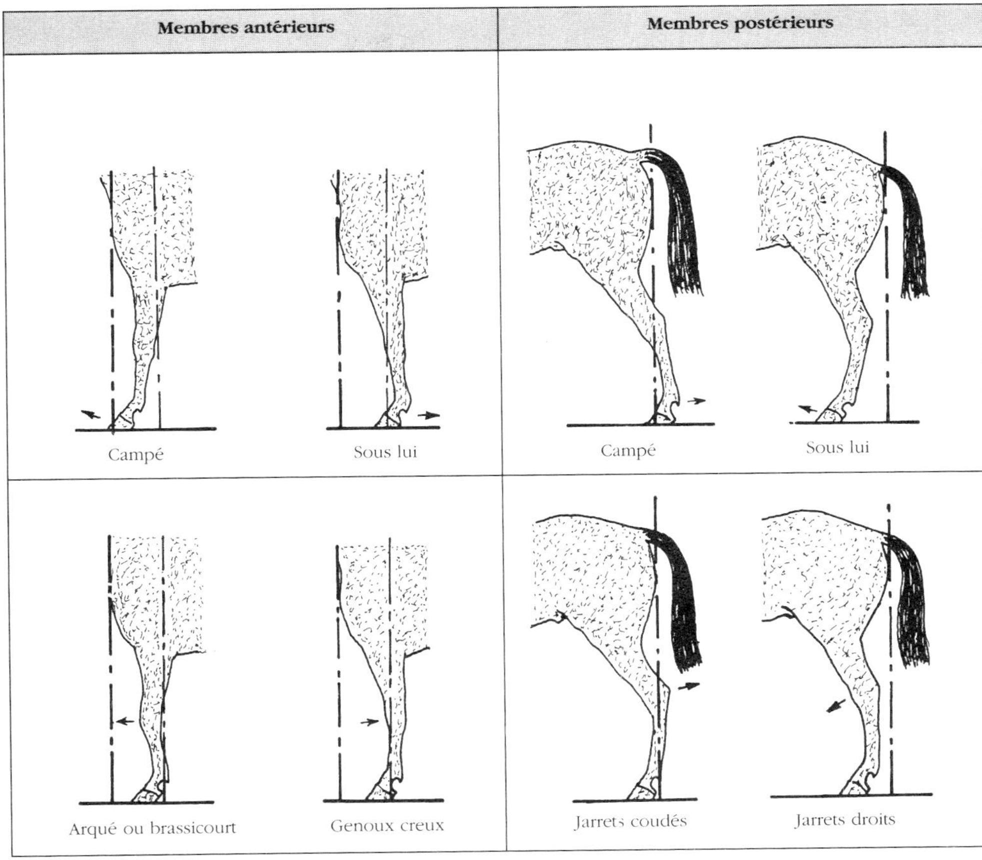

Examen des aplombs (vus de profil)

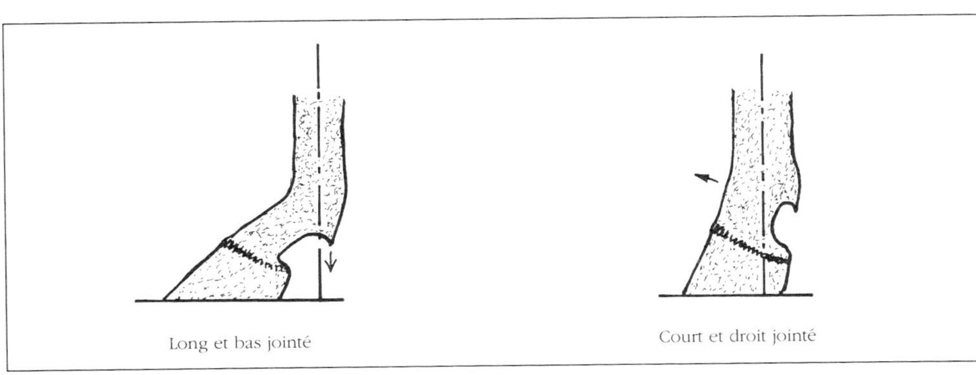

Examen des pieds

De profil

- La verticale depuis la pointe de la fesse doit passer à la pointe du jarret, longer le tendon fléchisseur et tomber un peu en arrière des talons.

- Si cette verticale tombe trop en *arrière,* le cheval est *sous lui de derrière.* Sa pince est longue et ses talons sont surchargés.

- Dans le cas contraire, si la verticale tombe trop en *avant,* le cheval est *campé du derrière,* sa pince est surchargée et ses talons hauts.

D'autres aplombs

- Un pied *haut en talon* et *court en pince* est nommé : *court et droit jointé.* Ses allures sont inconfortables et des tares osseuses du boulet et du paturon sont à craindre.

- Lorsque le cheval est *court en talon* et *long en pince,* on dit qu'il est *long et bas jointé.* Ses allures sont alors confortables. Les tendons trop sollicités en souffrent.

- Dans le cas du cheval bouleté, le boulet est porté très en avant. Le cheval risque de chuter et d'avoir de l'arthrite.

Les allures

Dans une allure normale, les membres sont portés en avant sans dévier : ni en dedans, ni en dehors. Les pieds se posent sans pivoter sur la pince. Le cheval marche *en ligne.* De face, chaque membre antérieur masque le membre postérieur correspondant.

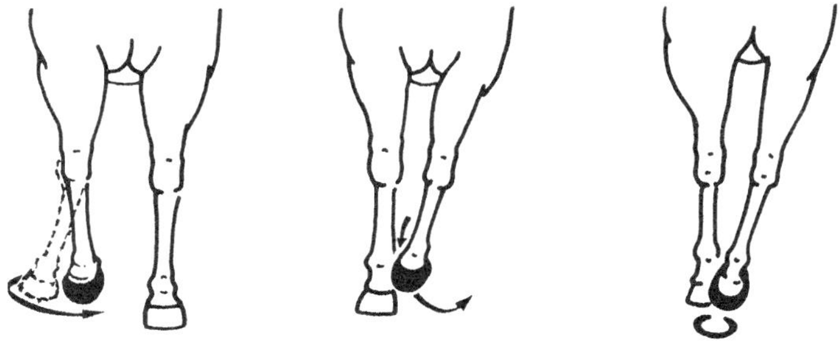

Panard en marche — Cagneux en marche — Cheval qui se croise

- En regardant le cheval de face, si le pied se porte *en dedans au lever et en dehors à l'appui*, on considère qu'il est *panard en marche.* Il est alors exposé à *se toucher* ou à *se couper* (voir ci-après).

- Si un pied se porte *en dehors au lever et en dedans à l'appui*, il est *cagneux en marche et billarde* de ce pied.

- Lorsque les *jarrets* se portent *en-dehors*, le membre pivote autour de la pince. On dit dans ce cas que les *jarrets* sont *vacillants.*

- Si deux pieds d'un même latéral se posent *l'un devant l'autre*, le cheval se *croise.*

- Lorsque le pied au lever effleure le membre à l'appui, on dit qu'il *se touche.* On constate ce défaut par une usure des poils de la couronne ou de la partie latérale de la paroi. Il suffit parfois de meuler la partie du fer responsable ou de réduire la garniture à cet endroit. S'il y a une plaie, on dit que le cheval *se coupe.* Il *s'entretaille* si les deux membres du même bipède se blessent mutuellement.

Cheval qui forge en voûte

- Le bruit caractéristique du cheval qui *forge* provient du fer postérieur qui heurte le fer antérieur au niveau de la voûte ; les chocs répétés mettent ainsi en péril la bonne tenue des fers. Ce défaut se manifeste lorsque les pieds sont trop longs ou lorsque le cheval est excessivement fatigué. Il est donc indispensable de bien reculer les fers postérieurs en les posant. En cas de malformation physique, l'emploi pour les antérieurs, de fers à voûte talutée remédie au problème.

- Plus grave, le cheval s'atteint quand le postérieur touche les glômes de l'antérieur.

- Lorsqu'en *rasant le tapis,* le cheval heurte le sol avec la pince, on dit qu'il *bute* (ou bronche). Ce défaut fréquent chez les jeunes chevaux, résulte d'un excès de fatigue ou de longueur de la pince.

- Un cheval arqué ou brassicourt *se couronne* parfois les genoux en tombant.

- Lorsqu'un pied postérieur quitte brusquement l'appui, comme par un déclic, le boulet allant parfois jusqu'à toucher le ventre, on dit qu'il *harpe* ou *éparvine.* Cela provient d'un tendon qui « dérape » au niveau du jarret. La maréchalerie ne peut y apporter aucun remède.

L'OUTILLAGE

L'OUTILLAGE UTILE

La réussite du ferrage dépend en grande partie de la qualité de l'outillage. Depuis quelques années, les américains ont perfectionné les outils classiques de maréchalerie, notamment les différents modèles de pinces et de mailloches. Personnellement, je penche pour ce type d'outillage car il est plus léger et plus performant que les outils traditionnels de nos anciens maréchaux. Un conseil aux débutants : prenez des outils de qualité même s'ils sont chers.

Les différentes pinces

La tricoise

C'est une tenaille qui a de nombreuses fonctions. Le modèle « écarteur » de chez Diamond est remarquable et vous permet d'écarter occasionnellement les branches d'un fer sans enclume. Il existe également un modèle de tricoise à talon, utile mais non indispensable pour former les rivets. Les extrémités pointues de ses branches peuvent entrer dans les étampures pour porter le fer chaud sur le pied.

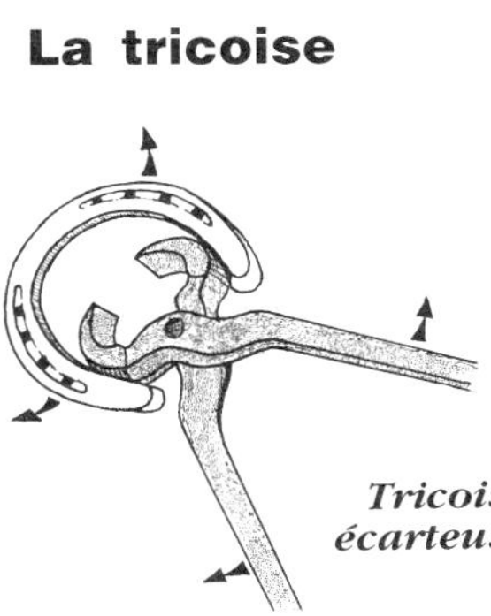

Tricoise écarteuse

La pince à parer

C'est un outil extrêmement tranchant qui remplace le rogne-pied. La pince à parer est particulièrement utile quand il s'agit de ferrer des poneys à corne dure ou des poulains, que les chocs du marteau contre le rogne-pied effarouchent. Les modèles Buffalo, à deux tranchants, sont moins chers que les modèles Diamond.

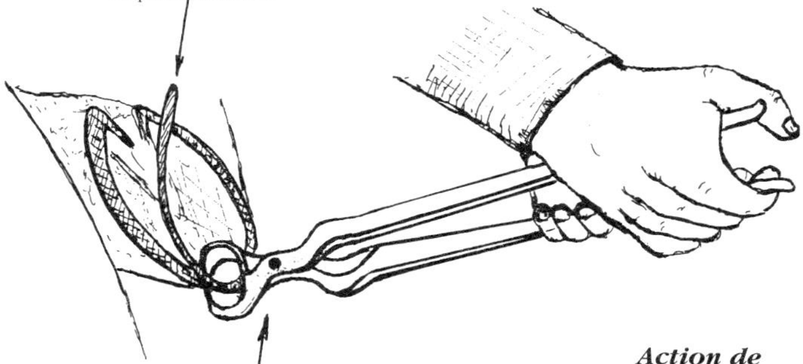

Action de la pince à parer

La pince à river ou pince crocodile

Cet outil rabat le rivet et le serre contre la paroi. Il existe deux tailles de pinces à river. Pour ma part, le modèle classique ne présente aucun inconvénient.

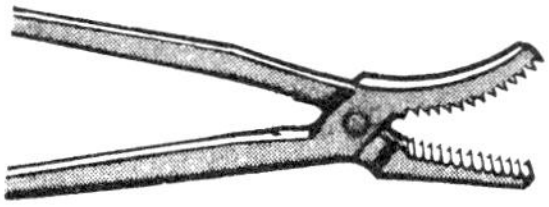

Pince à river

La pince à feu ou pince de forge

Tous ceux qui ont l'expérience de la forge savent que rien n'est plus désagréable qu'un fer tournant dans la pince. Diamond a créé un modèle léger aux mâchoires évidées qui améliore la prise.

Les outils de frappe

La mailloche ou brochoir

Inutile de s'encombrer d'une foule d'outils, les modèles décrits suffisent. La mailloche est équipée d'un « arrache-clou » utile pour extraire rapidement un clou mal dirigé. Vous avez le choix entre différents modèles : la mailloche classique française qui dispose d'une grande frappe, le modèle utilisé à l'école de maréchalerie de Bruxelles et le modèle qui nous vient des Etats-Unis. Ce dernier est à mon sens le meilleur. La frappe est petite, mais il faut de l'entraînement pour ne pas tordre les clous. Il faut avoir la mailloche « bien en main » et la manier dans toutes les positions. Entraînez-vous, mais sachez que pour brocher, ce n'est pas le bras qui agit mais le poignet (voir le chapitre sur « les trucs »).

Modèle Français

Quelques modèles de mailloches

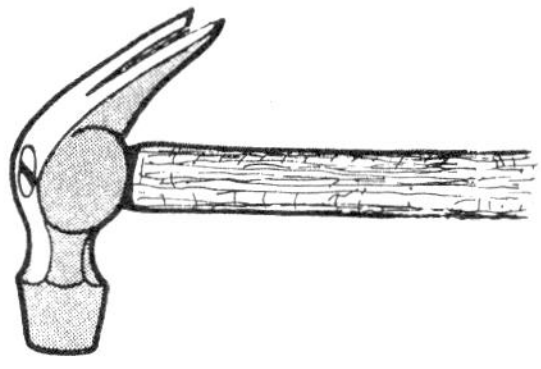

Modèle belge

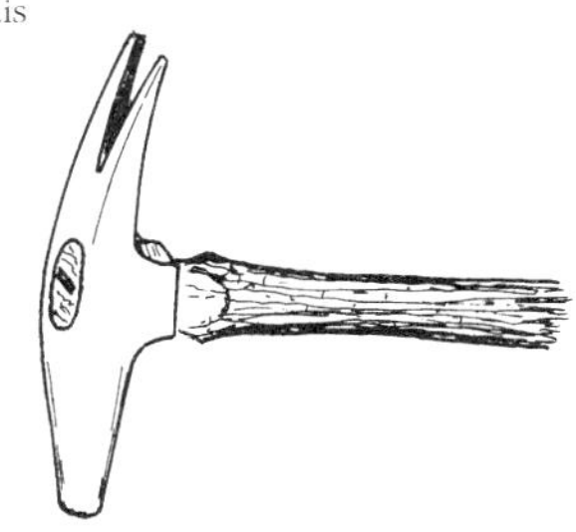

Modèle américain

La mailloche en nylon

Elle sert à frapper sur un outil en acier trempé, le rogne-pied en acier par exemple. Le choc entre deux outils en acier trempé créerait un effet de rebond. Choisissez-la assez lourde.

Le marteau de forge

Les options sont nombreuses entre le marteau de forme classique « à panne », le modèle à boule de chez Diamond et le « ferretier » utilisé par l'école belge. Le marteau de forge doit être assez lourd, bien équilibré, avec une panne légèrement bombée. Nous ne parlerons pas des gros marteaux dits « marteaux à frapper devant » utilisés pour la fabrication d'un fer.

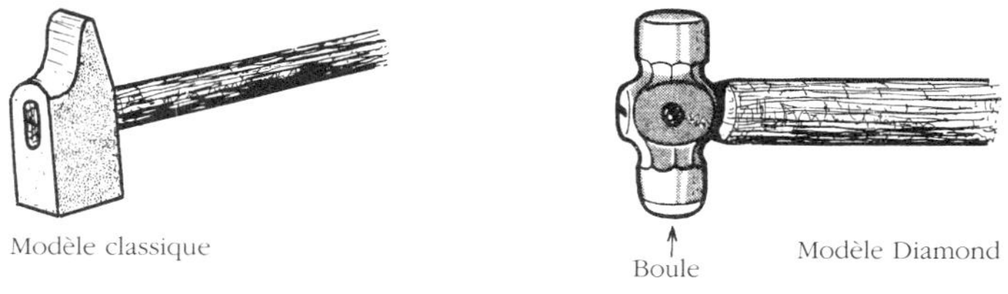

Marteaux de forge

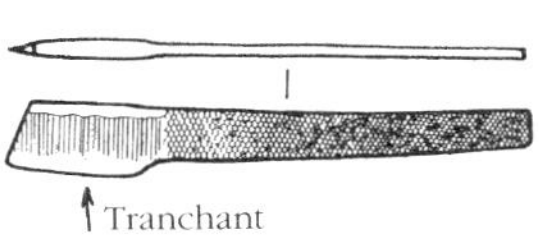

Rogne-pied

Outillage divers

Le rogne-pied

Le rogne-pied moderne est en acier trempé et remplace avantageusement les anciennes lames qu'il fallait affûter régulièrement.

La râpe

Une face lime, l'autre râpe : je propose le modèle « carpe » ou droit. Mais il faut changer la râpe dès qu'elle ne « mord » plus efficacement.

Le couteau anglais

La lame crochetée du couteau anglais permet de gratter la sole et d'élargir les lacunes.

Le dérivoir

Outil très pratique pour dériver et ôter avec la partie pointue, un éventuel morceau de clou cassé dans la corne (souche).

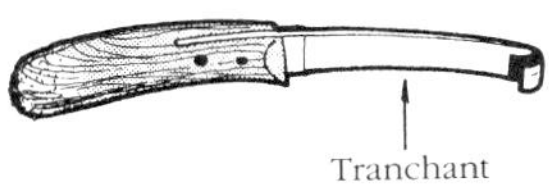

Le couteau anglais ou rainette

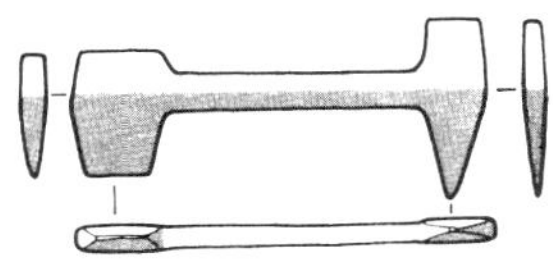

Dérivoir

Le dégorgeoir

Je préfère le modèle double pour sa tenue en main. Ce petit outil améliore la finition de la ferrure.

L'enclume

Les gros travaux de forge supposent un modèle de 180 à 200 kg. L'enclume transportable idéale pèse 35 kg. La véritable enclume de maréchal a une table légèrement bombée au niveau de la bigorne ronde. L'enclume est posée sur un pied en bois ou en tube. La hauteur de la table correspond à celle du coude de celui qui s'en sert.

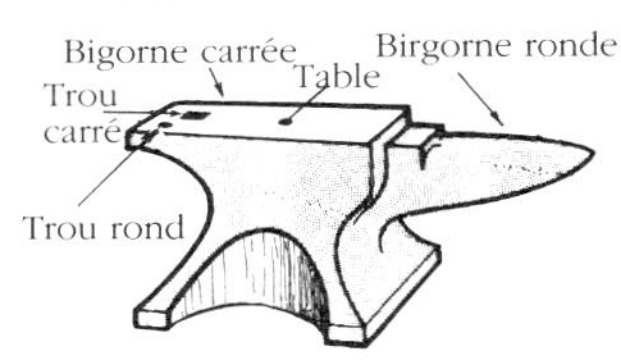

Une enclume de maréchal-ferrant

La forge

Un modèle à gaz propane est suffisant pour l'ajustage des fers, mais le métal n'est pas assez chaud pour les transformations importantes. La forge est équipée d'un détendeur. Le modèle à charbon est le seul à chauffer suffisamment pour le véritable travail de forge.

Le tas à river

Cette masse de métal tenue dans la main gauche remplace parfaitement le talon de la tricoise.

Équipement divers

Le tablier de maréchalerie

Ce tablier, fendu au milieu pour le ferrage à l'anglaise, est en cuir épais. Il protège particulièrement l'intérieur des cuisses (Voir fabrication au chapitre « Quelques astuces »).

L'étampe

Sert à percer les étampures des fers chauffés ou à leur redonner forme après travail du fer.

Le poinçon

Est utile pour déboucher les étampures ou pour réformer les contre-perçures.

Le ciseau d'enclume

Pour raccourcir les éponges, il faut frapper sur le fer chauffé à blanc ; le fer est posé sur le ciseau, lequel est maintenu dans l'œil de l'enclume.

Le taraud

Pour ceux qui ne taraudent pas souvent, mieux vaut utiliser un modèle machine qui ne nécessite qu'un seul passage. On se sert du taraud avec un « tourne à gauche ».

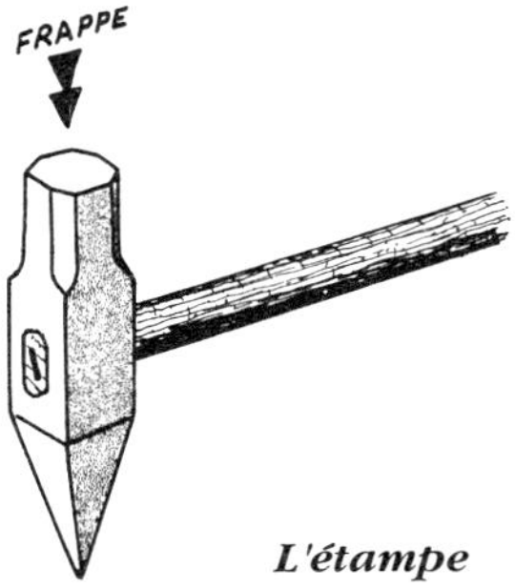

L'étampe

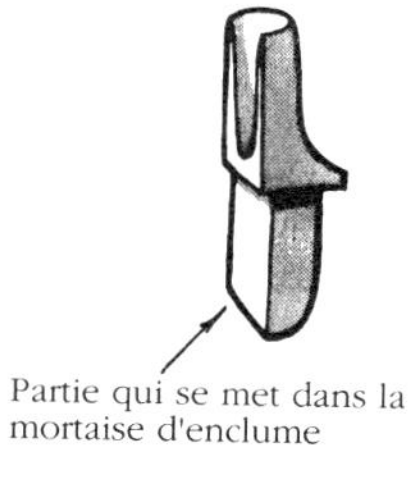

Ciseau coupe-éponge

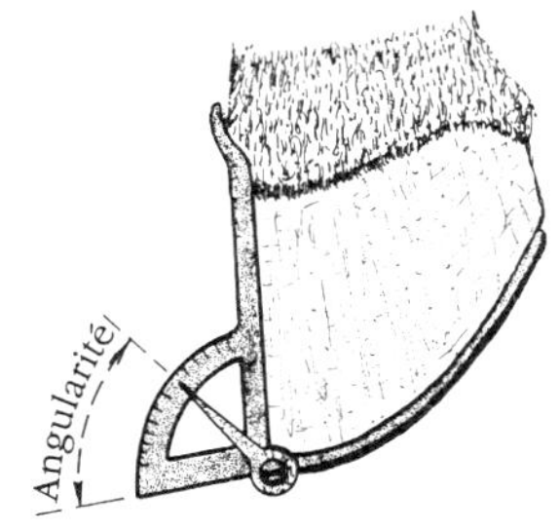

Le compas d'angularité

	Croquis	Noms	Sert à :
Pinces	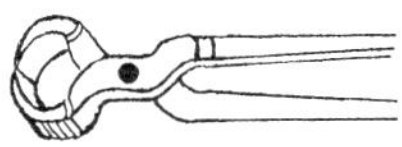	TRICOISE	— Enlever les clous. — Arracher les fers. — River les clous.
Pinces	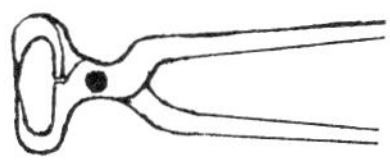	PINCE A PARER	— Couper la corne, remplace le rogne-pied.
Pinces	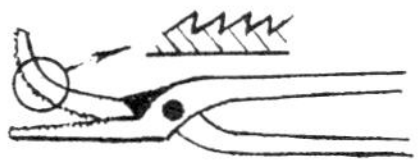	PINCE A RIVER	— River les clous contre la paroi.
Pinces	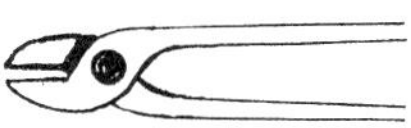	PINCE DE FORGE	— Tenir fermement le fer pendant qu'on le travaille.
Outils divers		ROGNE PIED	— Couper la corne en frappant avec la mailloche en nylon.
Outils divers		RÂPE	— Niveler la face plantaire. — Assurer la finition.
Outils divers	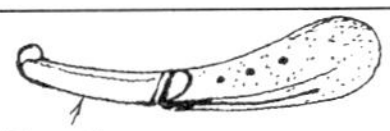	COUTEAU ANGLAIS	— Travailler la sole. — Élargir les lacunes.
Outils divers	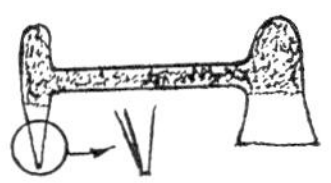	DÉRIVOIR	— Dériver les clous. — Chasser un morceau de clou resté dans la corne.
Outils divers	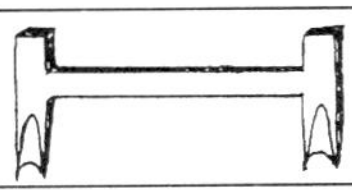	DÉGORGEOIR	— Pratiquer une petite encoche destinée à recevoir le rivet.
Outils de frappe		MAILLOCHE NYLON	— Frapper sur un outil en acier.
Outils de frappe	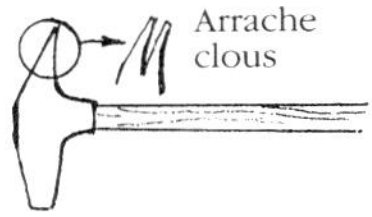	MAILLOCHE	— Brocher les clous. — Rabattre les rivets, etc.
Outils de frappe	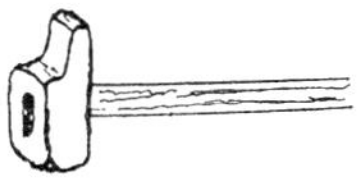	MARTEAU DE FORGE	— Travailler le fer sur l'enclume.

Les outils du maréchal-ferrant

Le compas d'angularité

Cet instrument de mesure permet de vérifier que l'angularité des parois est la même sur les deux sabots de devant ou de derrière.

Rabot électrique

Un constructeur a mis au point un modèle électrique qui s'adapte au sabot pour le raboter.

Le boutoir

C'est une sorte de rabot qui n'est plus utilisé chez nous.

Le tiers-point et pierre d'affûtage

Une meule à eau ou une pierre à huile sont indispensables pour affûter régulièrement le tranchant des outils.

LES FERS ET LES CLOUS

Depuis le début du siècle, les modèles de fers ont peu évolué. Actuellement fers et clous se présentent de la façon suivante :

Les fers

Les parties du fer

- Le fer se divise en plusieurs parties. Au milieu et en avant du fer, se trouve la *pince.* De part et d'autre de la pince viennent les *mamelles,* interne et externe, puis les *quartiers,* interne et externe ; les *branches* sont terminées par les *éponges.* Le fer comprend deux faces :

FACE SUPÉRIEURE	FACE INFÉRIEURE
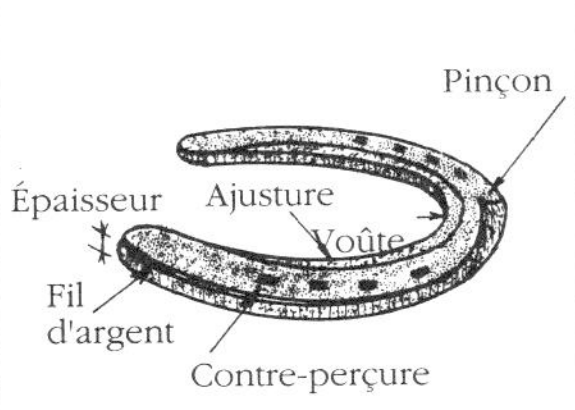	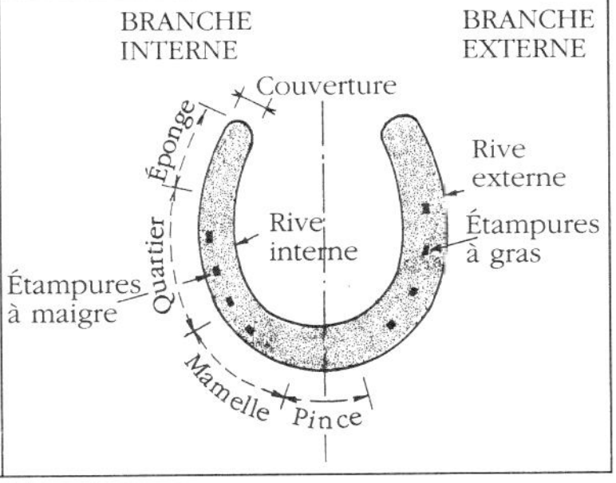

Les parties du fer

- La face inférieure en contact avec le sol comprend les *étampures*.

- La face supérieure en contact avec le sabot, comprend les *contre-perçures,* par où passent les lames des clous. La distance comprise entre ces deux faces s'appelle *l'épaisseur.* La *couverture* est la largeur du fer depuis la *rive externe* jusqu'à la *rive interne.* La *voûte* se situe au milieu de la rive interne. On appelle *tournure,* la forme donnée au fer pour qu'il soit adapté au contour du pied. L'*ajusture* permet au fer de ne pas porter sur la sole au niveau de la pince. La *garniture* est la partie qui déborde du sabot. Le *pinçon* est un petit triangle solidaire du fer qui renforce sa tenue au sabot.

Les différents modèles

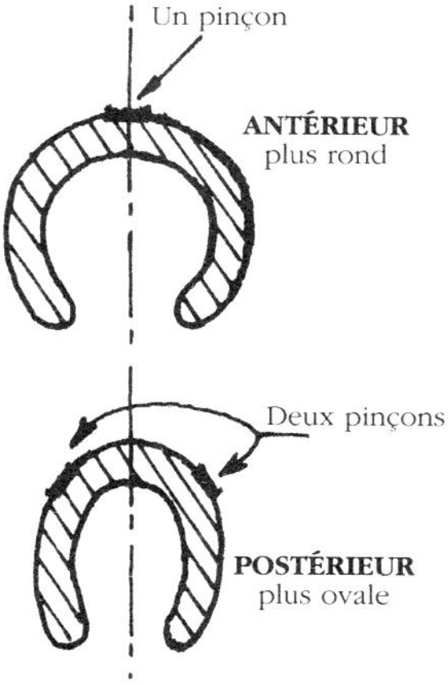

Les fabricants emploient des unités de mesure différentes pour exprimer les pointures. Les fers hollandais sont numérotés à partir de quatre zéros pour les plus petits, jusqu'à la pointure 4 pour les plus grands. Chez le fabricant Faure, les pointures correspondent sensiblement au périmètre du pied. Elles vont de 24 à 38 ; un tableau indique en plus la largeur et la hauteur du fer en millimètres. Les fers sont en acier ou en aluminium. Il existe différents modèles de fer ; ceux-ci peuvent être rainés, biseautés avec ou sans pinçon.

Fers des antérieurs et des postérieurs

Le fer antérieur est plutôt rond, le fer postérieur plutôt ovale. L'antérieur n'a généralement qu'un pinçon, situé en pince, tandis que le postérieur en a deux en mamelles.

Fer du pied droit et du pied gauche

Sur les fers vendus dans le commerce, plusieurs repères permettent de distinguer un fer droit d'un fer gauche :

- La pointure du fer est généralement marquée sur l'éponge externe.
- La branche externe est plus allongée et plus arrondie que l'autre.
- La branche externe est étampée plus loin vers les éponges et « à gras », alors que la branche interne est étampée « à maigre ».
- Une cassure dans la courbe du fer se situe à l'extrémité de la branche externe.

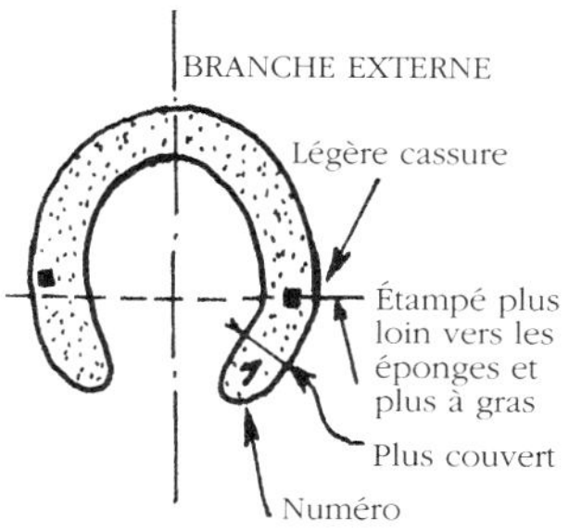

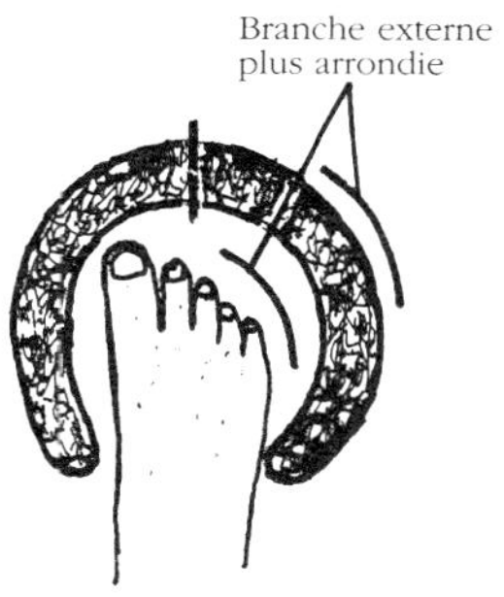

Fer du pied droit

Les clous

La tête pyramidale du clou maintient le fer, même après usure. La tête doit être adaptée à l'étampure et le collet doit correspondre à l'épaisseur du fer. Le long collet (JF) est utile pour un fer épais alors que le demi-long (JC) convient pour un fer moins épais. Le grain d'orge, placé vers l'intérieur du pied, imprime au clou une trajectoire curviligne qui oblige la pointe à ressortir de la corne. La frappe du clou doit légèrement dépasser du fer pour recevoir les coups de brochoir. Les numéros 1 ou 2 conviennent aux fers habituels. Pour limiter l'usure, on peut utiliser des clous dont la tête est incrustée d'un petit cône en carbure de tungstène, métal excessivement dur. Les clous à ferrer sont vendus par boîte de 1 kg à 4 kg.

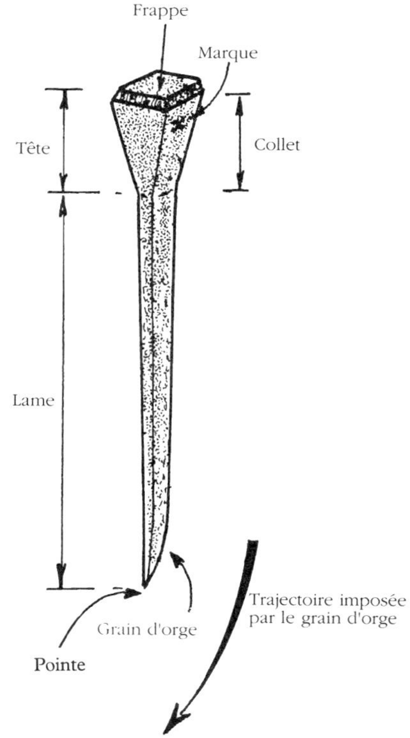

Les parties du clou

LE FERRAGE

LE CHEVAL PENDANT LE FERRAGE

Pendant le ferrage, le maréchal-ferrant doit opérer le plus rapidement possible. En effet, le cheval s'impatiente très vite d'avoir un pied levé : il peut avoir besoin d'uriner par exemple ; il faut donc penser à le laisser reposer son pied de temps en temps.

Comment l'aborder ?

Caressez de la voix avant de caresser de la main conseille le dicton. Si vous intervenez sur un cheval que vous ne connaissez pas, faites-vous d'abord accepter en prenant tout votre temps et sans brusquerie. Laissez-le vous flairer, parlez-lui doucement mais fermement. S'il bouge, faites la « grosse voix » mais sans crier. En ferrant « à l'anglaise », c'est-à-dire en tenant soi-même le pied, le contact de votre corps le sécurisera. Si vous restez tout près de lui, il pourra vous pousser, mais les coups porteront moins.

Comment l'attacher ?

Il est recommandé d'attacher le cheval à un anneau fixé à 1,30 m au-dessus du sol, afin d'empêcher une prise de longe. Le nœud

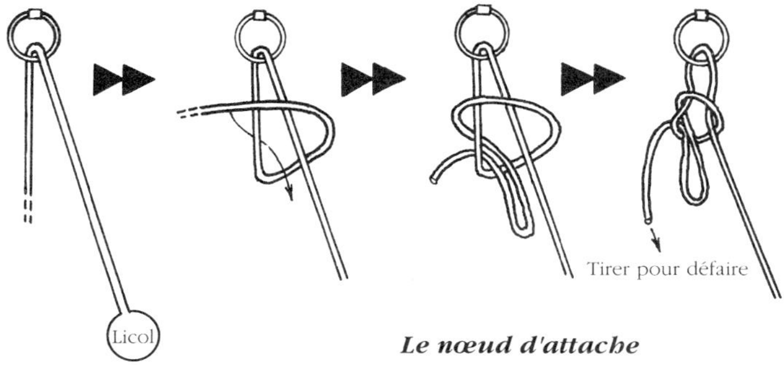

Le nœud d'attache

utilisé doit se défaire prestement d'une simple traction, au cas où le cheval « tirerait au renard ». Certains maréchaux prévoient un point de rupture à l'aide d'un morceau de ficelle reliant la longe à l'anneau. A titre d'anecdote, je connais un maréchal qui s'est fait couper un doigt en utilisant ce système : le cheval avait « tiré au renard » et son doigt s'était pris dans le nœud, au moment où il nouait la ficelle fine.

Comment calmer le cheval pendant le ferrage ?

Première précaution : ferrer le cheval dans un endroit qui lui est familier. S'il est inquiet, placez un autre cheval près de lui ; son voisin d'écurie si possible. Evitez le contact des badauds où chacun donne son avis et se met à crier lorsque le cheval bouge. En revanche, la présence d'une personne placée près de l'encolure et du côté du pied levé, sécurise le cheval et lui évite de botter. Un débutant qui ferre un jeune cheval peut lui donner à manger pour l'occuper. Deux solutions plus radicales consistent, l'une à entraver tout mouvement du cheval par un système de contention, fort dangereux pour les non-professionnels, l'autre à administrer au cheval un tranquillisant, type *vétranquil.* Mais la meilleure solution est évidemment d'habituer progressivement son cheval au bruit des outils. Pour cela on peut, chaque fois qu'on lui cure les pieds, taper sur le sabot avec deux morceaux de métal. Si des taons, des mouches et autres insectes le harcèlent, n'obligez pas votre cheval à rester immobile.

COMMENT LEVER ET TENIR LES PIEDS ?

Votre position par rapport au cheval est d'une importance capitale pour le confort du ferrage et pour votre sécurité. En effet, le cheval se défend si son pied est mal tenu. Deux méthodes mises au point par les professionnels sont à connaître :

- *Ferrer à la française,* c'est-à-dire ferrer en étant aidé par quelqu'un qui tiendra le pied.
- *Ferrer à l'anglaise,* c'est-à-dire ferrer en tenant soi-même le pied du cheval.

Pour lever les pieds

N'obligez pas le cheval à lever ses pieds, mais apprenez-lui à vous les donner sans contrainte : chaque fois que vous soulevez le pied du cheval, prononcez l'ordre « donne ton pied », pour qu'à la longue, le cheval finisse par donner son pied de lui-même. Placez-vous toujours par rapport au cheval, de telle sorte qu'il ne puisse pas vous blesser par un coup de pied volontaire ou involontaire. Interdisez-lui de s'appuyer contre vous en vous écartant de lui très légèrement. Il peut sans problème garder son équilibre sur trois membres. Cependant ne vous écartez pas trop de lui pour ne pas tirer douloureusement sur ses articulations.

Lever un antérieur

Abordez le cheval au niveau de son épaule. Restez de profil en regardant vers l'arrière ; caressez le membre en descendant jusqu'au paturon. Saisissez le paturon droit (par exemple) avec la main droite et attirez-le progressivement vers l'avant ou vers le haut.
Suivant que vous ferrez seul ou à deux, la suite diffère.

Lever un postérieur

Placez-vous de profil au niveau de la croupe. Tapotez le membre gauche avec la main gauche en descendant jusqu'au paturon. Attirez progressivement le paturon vers l'avant pour qu'il se décolle du sol. Placez la main droite contre la paroi du sabot et glissez votre jambe gauche sous le membre en plaçant le boulet sur votre cuisse.

Position avec teneur de pied

Faites-vous toujours assister par quelqu'un de sûr qui ne lâchera pas le pied à la première alerte.

Tenir un antérieur levé

L'aide, après avoir levé l'antérieur gauche, reste tourné vers l'arrière et place le genou du cheval contre sa cuisse gauche. Tout en tenant le pied par la pince, l'aide recule progressivement le membre pour présenter au maréchal la face plantaire du pied.

Position du teneur de pied

Tenir un postérieur levé

Après avoir placé le postérieur gauche contre sa cuisse, l'aide se redresse, saisit et soulève légèrement le haut de la queue avec la main gauche. Il peut s'aider d'une plate-longe appelée parfois « trousse-jarret ».

Position sans teneur de pied

Sans teneur de pied, le ferrage est plus fatigant pour le maréchal mais moins contraignant pour cheval.

L'antérieur

Pendant le ferrage, l'antérieur sera tenu alternativement vers l'arrière ou vers l'avant.

- *Vers l'arrière*

Après avoir levé le pied, passez le membre du cheval entre vos jambes, et serrez-le entre vos cuisses, juste au-dessus de vos genoux. Rentrez vos pointes de pieds pour faciliter la tenue du sabot. Veillez à ne pas trop vous écarter du cheval, cela tirerait sur l'articulation de l'épaule.

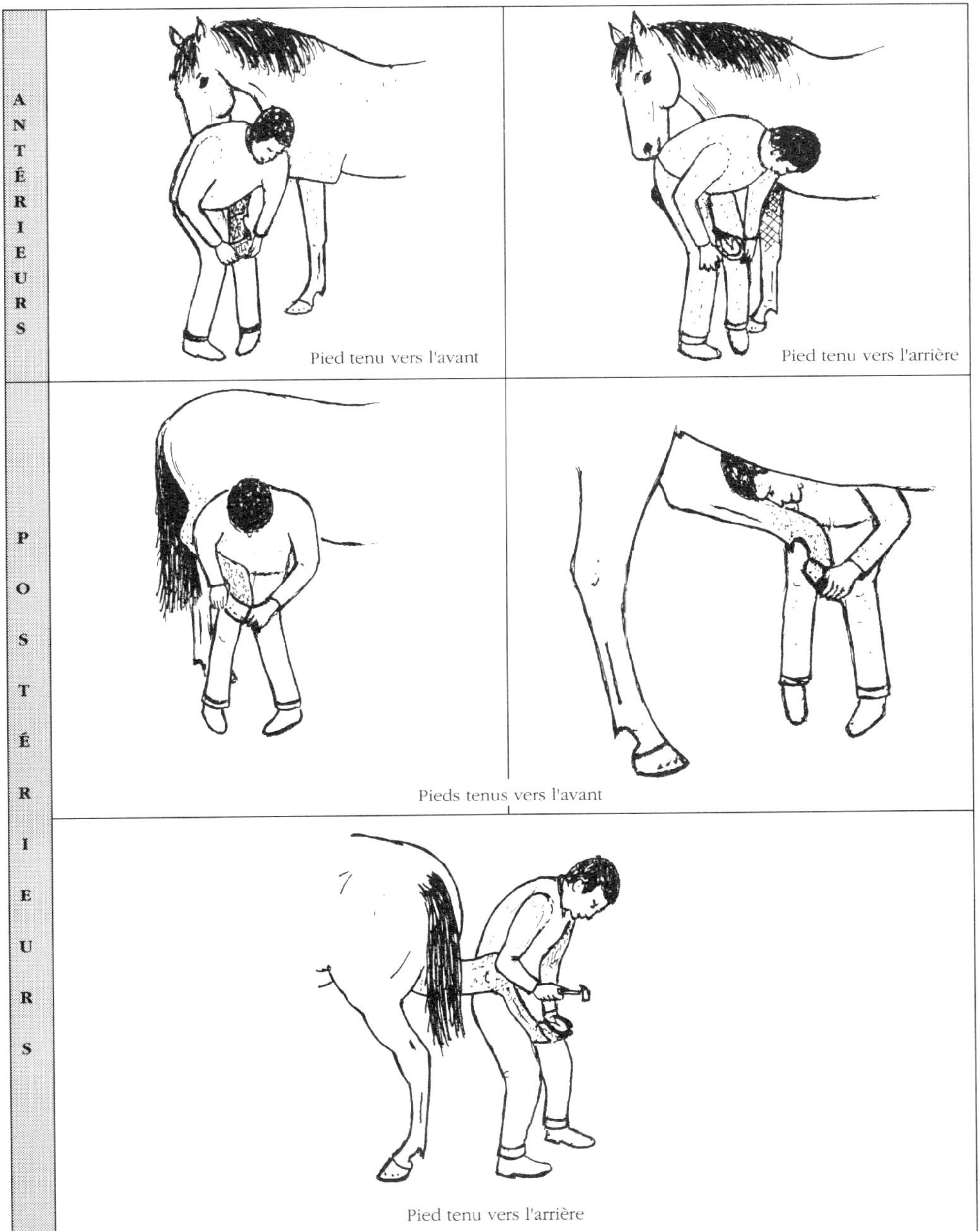

Positions à l'anglaise

• *Vers l'avant*
Placez-vous de travers par rapport à l'axe du cheval et posez la face plantaire sur votre genou. Suivant la branche du fer que vous travaillez, placez-vous à gauche ou à droite. Cherchez la meilleure position, pour que le pied reste plaqué naturellement contre votre genou.

■

Le postérieur

Il se tient orienté vers l'avant ou vers l'arrière suivant les phases du ferrage.

• *Vers l'arrière*
Le pied contre votre cuisse, placez-vous de travers par rapport à l'axe du cheval. Comme pour les antérieurs, le fait de s'avancer latéralement plaque le pied contre votre cuisse et l'aide à tenir. Le maréchal se place toujours de côté par rapport au cheval et jamais derrière.

• *Vers l'avant*
Après avoir ramené le postérieur vers l'avant, sous le cheval, placez-vous perpendiculairement à l'axe du cheval, le pied posé sur vos genoux réunis, pointes des pieds tournées vers l'intérieur. Suivant la branche du fer où vous intervenez, placez-vous, la tête sous le cheval, ou au contraire la tête en dehors avec vos fesses engagées sous son ventre.

VÉRIFIER LA FERRURE

Avant le départ, il ne suffit pas de « gratouiller » la sole et de jeter un rapide coup d'œil sur les fers en espérant qu'ils tiennent. Un fer perdu, c'est souvent un cheval indisponible ; en outre, le fer peut se tordre en s'arrachant et blesser le cheval. La vérification méthodique d'une ferrure doit donc vous assurer :

- *Que les fers tiendront en place, sauf en cas d'arrachement accidentel.*

- *Qu'il reste assez d'épaisseur de métal pour le travail que vous demanderez au cheval avant de le referrer à neuf.*

- *Que la corne n'a pas trop poussé de manière à compromettre les aplombs du cheval.*

Quand ?

Avant un déplacement important vérifiez la ferrure, même si le cheval vient d'être ferré. En randonnée, il faut contrôler la tenue des fers tous les soirs et la consolider le cas échéant.

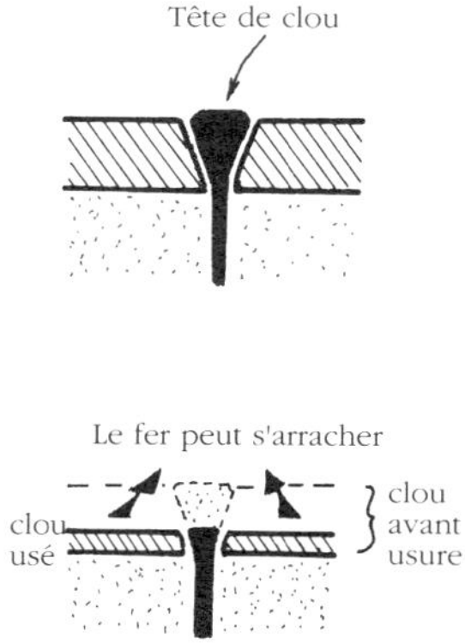

Usure excessive du fer

La tenue des fers

En soulevant les pieds, observez si les têtes des clous, trop usés, ne traversent pas les contre-perçures (trou dans le fer du côté sabot). Dans ce cas le clou ne servirait plus à rien. Passez ensuite les doigts sur tous les rivets pour vous assurer qu'ils sont solidement rabattus contre la paroi du sabot. Un rivet qui prend du jeu commence en effet à se soulever. Vérifiez particulièrement ceux des talons qui lâchent généralement en premier. Notez qu'un rivet prend plus facilement du jeu, lorsque le cheval est équipé de plaques protectrices. Si la corne est fendue à l'emplacement du rivet, le clou ne tiendra pas. Avec le cure-pied, vous pouvez ensuite essayer de soulever le fer. Il ne doit, en aucun cas, se décoller du sabot. Sur la route tout bruit de vibration est suspect. On parle de fer qui « tinte ».

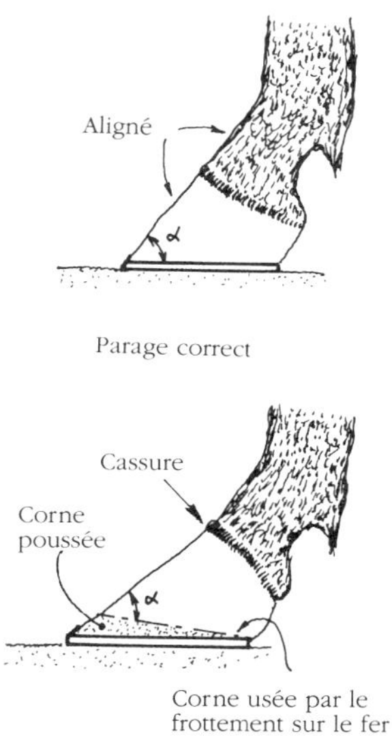

Le pied long

Juger le degré d'usure

Il faut vérifier tous les pieds et prendre en considération le fer le plus usé. Les pinces des fers antérieurs s'usent souvent en priorité. Les branches extérieures des postérieurs s'usent plus rapidement que les branches intérieures. Les fers usés font déraper le cheval (on parle de savonnettes). Aux antérieurs, le pinçon se coupe par usure.

L'excès de corne

La corne ne doit pas déborder du fer. Au niveau des talons, la corne s'use en frottant contre le fer, ainsi le pied s'allonge et bascule : on parle de pieds longs.

QUAND FERRER ?

Le poulain ou le cheval en pâture n'ont pas besoin d'être ferrés. Leurs pieds doivent cependant être régulièrement parés pour conserver des aplombs justes. Dès le débourrage, le cheval amené à travailler sur terrain dur est ferré.
On commence en général par les antérieurs. Le cycle de referrage est de trente à quarante-cinq jours selon les anciens manuels militaires. Avec un cheval qui ne présente pas de défaut particulier, le délai peut aller jusqu'à soixante jours maximum, en vérifiant régulièrement les pieds. Si vous savez comment vous dépanner, vous réaliserez des économies importantes à long terme : vous éviterez les risques de blessure dus au fer arraché et le maréchal n'aura pas à se déplacer.

Quand referrer ?

Il est préférable de referrer son cheval avant de partir en randonnée, même lorsque la ferrure est encore correcte. Ne ferrez pas la veille du départ, mais quelques jours auparavant. Ainsi, le cheval a le temps de s'habituer à ses « nouvelles chaussures » et tout incident de ferrage peut être soigné avant le départ. En endurance, de nombreux cavaliers font ferrer leur monture quinze jours avant la course. En attelage, il faut quelquefois referrer tous les cinq à six jours car, sur route, les fers d'un cheval attelé s'usent rapidement.

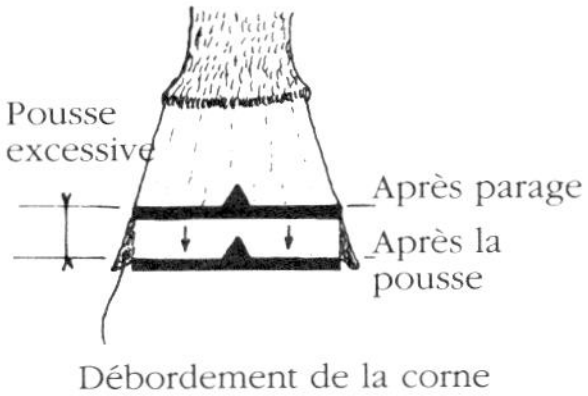

Pousse excessive de la corne

Inutile alors de parer les pieds. Le délai maximum de 60 jours étant écoulé, il faut s'astreindre à parer tous les pieds du cheval, quitte à reposer ensuite les fers non usés : c'est ce qu'on appelle faire un « rassi » ou un « relevé ». La corne pousse plus rapidement selon les cas suivants ; si elle est noire, en saison chaude, chez les chevaux actifs et en bonne santé. Tenez un « carnet de santé » sur lequel vous noterez toutes les interventions passées et à venir ; il vous permettra de repérer les problèmes récurrents.

POSER UN FER

Si vous perdez un fer, prenez la peine de le ramasser. Il sera plus facile de le « raccrocher » qu'un fer neuf qui n'est pas à la forme exacte du pied. Si le fer est déformé, reportez-vous au chapitre : « mettre un fer à la forme du pied. » Considérons donc que le fer que vous allez poser est à la forme du pied. Vérifiez, cependant, qu'il ne soit pas voilé, en le regardant « à chant ». Redressez légèrement le pinçon. Notez que les postérieurs sont plus reculés sous le sabot que les antérieurs.

Égaliser la surface plantaire

Égalisez à la râpe la surface plantaire du pied et cassez l'angle sur le pourtour du sabot. Présentez alors le fer et vérifiez s'il s'applique contre le sabot sur toute sa surface. Il vous reste à le brocher.

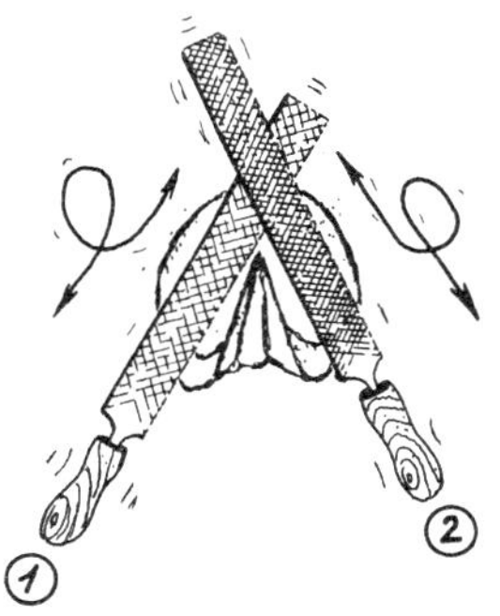

Mouvements de la râpe

Les repères à observer pour brocher

Pour poser un fer correctement, il convient de suivre la procédure suivante :

- Placer le pinçon dans son logement au milieu de la pince. Les deux étampures en pince doivent marquer sur la ligne blanche. Pour faire « monter » le fer, donnez un coup de râpe à l'endroit du pinçon. Dans le cas contraire, brider légèrement le pinçon.

- Vérifiez que les branches suivent bien le contour du pied, la garniture étant en branche externe.

- Les autres contre-perçures marquent sur la ligne blanche et jamais au-dedans pour ne pas risquer de blesser les chairs du pied.

- Les talons doivent être couverts par le fer.

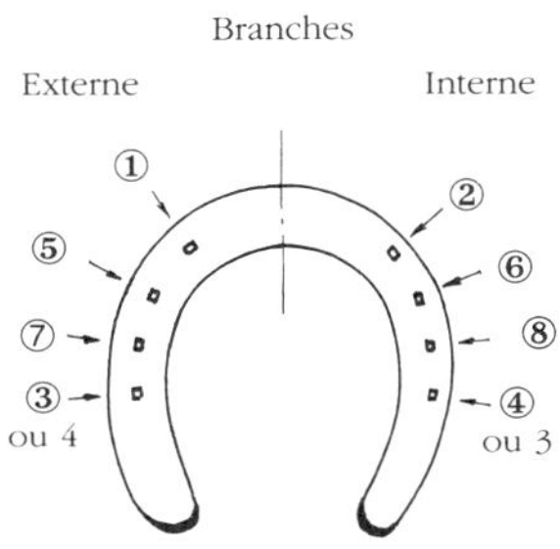

Ordre de brochage des clous

Le brochage

Une fois le fer en place, brochez d'abord les deux clous en pince, en commençant par celui situé à l'extérieur. Brochez ensuite le clou du talon interne. Vérifiez si le fer est bien droit et brochez les autres clous, en alternant d'une branche sur l'autre. L'opération complète de brochage est décrite dans un autre chapitre. Le fer est alors « attaché ». Sept clous suffisent, trois à l'interne et quatre à l'externe, mais un débutant en met huit en général. Notez que deux clous brochés haut tiennent mieux que quatre brochés trop bas.

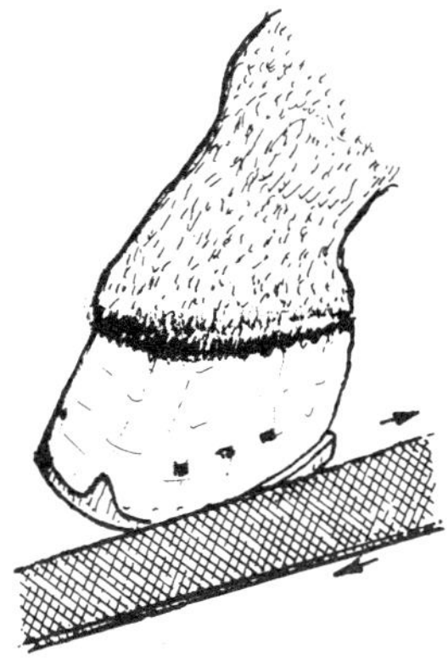

Donner le « fil d'argent »

La finition

Il reste à rabattre les pinçons contre la paroi et à donner un léger coup de râpe jusqu'au bord plantaire en évitant les rivets. Sur un fer neuf, on prend soin de faire un « fil d'argent » en râpant l'angle du fer, particulièrement aux extrémités des branches. Le ferrage est à la fois plus beau et plus solide ; en se marchant sur les pieds, les chevaux risquent moins de s'arracher leurs fers.

Dernières vérifications

Le fer ne doit pas dépasser sur la partie intérieure du sabot et tous les rivets sont bien incrustés dans la paroi. Par précaution, faites trotter le cheval sur la route sans lui tenir la tête pour voir s'il n'est pas gêné. Il vous reste à noter la date de votre intervention et à vérifier ce pied, mieux que les autres dans les jours qui suivent.

LE PARAGE

Le parage est l'opération la plus délicate du ferrage. Un mauvais parage compromet les aplombs et fatigue les tendons, ainsi que les articulations. Des repères stricts sont nécessaires.
Parer, consiste à tailler l'excédent de corne qui, protégée par le fer, a poussé depuis le dernier ferrage. Dans le parage, deux critères doivent être respectés : le pied doit être paré d'aplomb et au degré voulu.

Ordre des opérations

Ils diffèrent quelque peu suivant les écoles.

La fourchette

Commencez par toiletter la fourchette en nettoyant les lacunes à fond avec le couteau anglais pour éviter les « nids à fumier » : la fourchette doit retrouver sa forme triangulaire. Évitez de trop en enlever. Il faut en effet que la fourchette conserve un appui sur le sol. Enlever l'excédent de corne molle écrasée ou déviée. La fourchette doit être symétrique par rapport à la lacune médiane. Ramenez la pointe au centre du pied ; elle constituera un repère pour la pose du fer.

■

La sole

Avec le couteau anglais, ou le rogne-pied, enlever les écailles de corne morte, jusqu'à la corne saine qui n'est pas fendillée.

Le parage de la corne

Si la corne a peu poussé, la râpe ou le couteau anglais suffit. Un parage normal est effectué soit avec un rogne-pied, soit avec une pince à parer.

- Le *rogne-pied* est une lame qui, poussée par des coups de mailloche, découpe la corne du sabot. Il s'agit de tailler la corne qui dépasse de la sole. Le rogne-pied est tenu parallèlement à la surface d'appui. Si vous ferrez seul, procédez en deux fois, en partant de la pince du sabot pour aller vers les côtés, afin de simplement affleurer au niveau des talons. Une autre méthode consiste à commencer à partir du talon, pour terminer en pince. Attention de ne pas « plonger » au niveau des *mamelles,* ce serait alors irrattrapable. Le parage se termine lorsque le niveau de la sole est atteint ; le *sillon circulaire* doit être visible.

- Si vous utilisez une *pince à parer*, placez l'un des mors à plat contre la sole. En serrant, elle tranche la corne qui dépasse. Commencez au niveau de la pince du sabot et tranchez progressivement jusqu'à chaque talon, sans trop en enlever. La pince à parer à l'avantage de ne pas produire de chocs. Elle est particulièrement utile pour parer des poneys non ferrés à la corne extrêmement dure. Les tranchants de la pince sont fragiles, attention aux clous restés dans la corne !

- Pour égaliser la surface plantaire, il faut passer *la râpe* en faisant des mouvements rotatifs. Pour vérifier la planéité de la surface plantaire, poser la râpe à plat contre le pied. A ce stade, vous pouvez ménager au milieu de la pince une encoche destinée à recevoir *le pinçon* (voir croquis). Pour la centrer, prenez comme repère le prolongement de la lacune médiane.

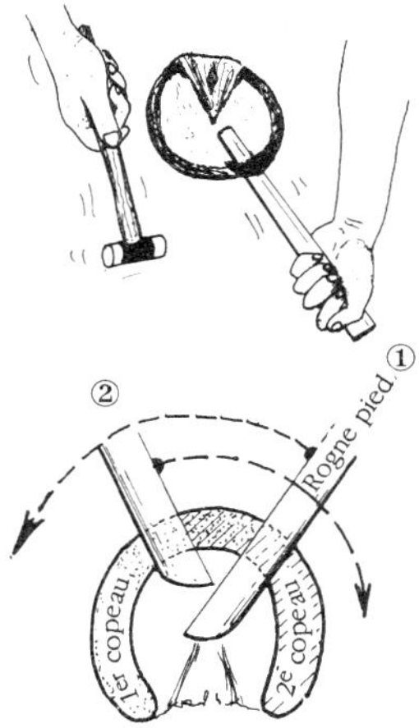

Parage au rogne-pied

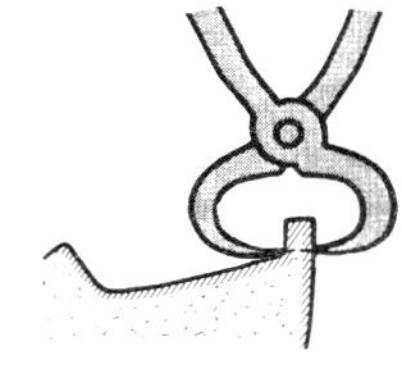

Parage à la pince à parer

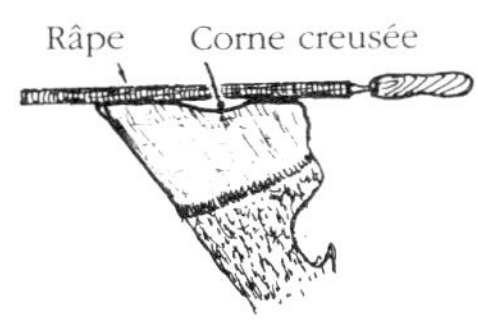

Vérification de la planéité

Vérifier les aplombs du pied

Soulevez le pied en le maintenant au niveau du canon. Il se bascule naturellement, placez votre œil dans le prolongement du plan de la sole : elle doit être plane et bien perpendiculaire à l'axe du paturon. Autre méthode plus subtile : en observant la surface plantaire, imaginez deux lignes qui vont du centre de la pince à chacun des talons. Ces deux lignes doivent être d'égale longueur, ce qui signifie que les talons sont à la même hauteur.
On examine ensuite le pied posé.
Comparer ensuite les hauteurs des deux talons et des quartiers.
Avec le couteau anglais, enlevez enfin un copeau de corne, en forme de croissant, sur la sole et en pince afin de supprimer l'appui du fer dans cette zone ; l'ajusture anglaise donne un résultat analogue.

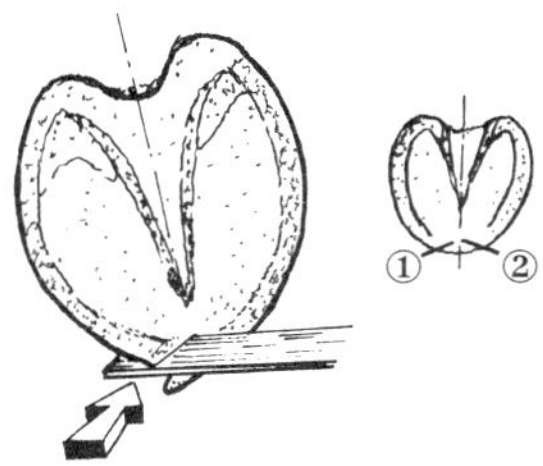

L'emplacement du pinçon

La paroi évasée

Une muraille évasée est remise dans la bonne direction avec la râpe. Finir le parage en arrondissant le bord externe de la muraille et en cassant légèrement l'angle de la muraille. Le pied est alors prêt à recevoir le fer.

Les défauts de parage

Un mauvais parage est toujours très long à rattraper.
Le compas d'angularité, peu utilisé chez nous, permet de vérifier avec exactitude l'égalité des angles et des longueurs des deux parois au niveau de la pince.
Ne parez pas trop le pied, sinon il deviendrait sensible et douloureux.
Si le pied est trop long, le poids est rejeté en arrière et les tendons se fatiguent.
Lorsque la pince est trop parée, cette zone se surcharge et la corne pousse plus lentement. De même, des talons trop parés sont surchargés et s'affaiblissent.

UNE FERRURE ADAPTÉE

Il faut mettre le fer à la forme du pied et non pas le pied à la forme du fer. Dans cet ouvrage, nous nous limiterons à ajuster des fers mécaniques sur des pieds qui ne présentent pas de problèmes particuliers.

Choix du fer mécanique

Suivant les fabricants, et à pointure égale, les fers présentent des différences de formes. L'idéal est de trouver le fer dont la forme se rapproche le plus de l'ancien. Si vous ne l'avez plus, présentez après parage, le fer neuf sur le pied en prenant en considération le dépassement latéral, mais surtout la longueur des branches par rapport aux talons. Le fer doit les couvrir en dépassant légèrement, sans plus. Si le fer est trop grand, il est toujours possible de couper les éponges (voir plus loin). Consultez également le chapitre « les fers et les clous ».

Quelques interventions sur le fer

Il est rare qu'un fer corresponde exactement au pied du cheval. L'idéal est de travailler à chaud, car le métal rougi, se modèle plus facilement qu'à froid. Les fers de grande taille sont particulièrement difficiles à travailler à froid. Voici les interventions les plus classiques réalisées sur une enclume (consulter également le chapitre « quelques trucs particuliers »). Pour éviter les vibrations dans la main, le fer est tenu avec une pince. Placez-vous devant l'enclume, la bigorne ronde à votre gauche. Un gaucher doit faire l'inverse. A froid, utilisez un marteau assez lourd.

Planer un fer

Pour battre un fer à plat, placez-le sur l'enclume, les poinçons pointés vers le haut. Notez qu'en frappant au niveau de la pince, le fer se redresse généralement. Vérifiez sa planéité sur la table de l'enclume ou en le tenant de chant. La plupart des interventions voilent le fer. Il faut donc toujours terminer en le planant.

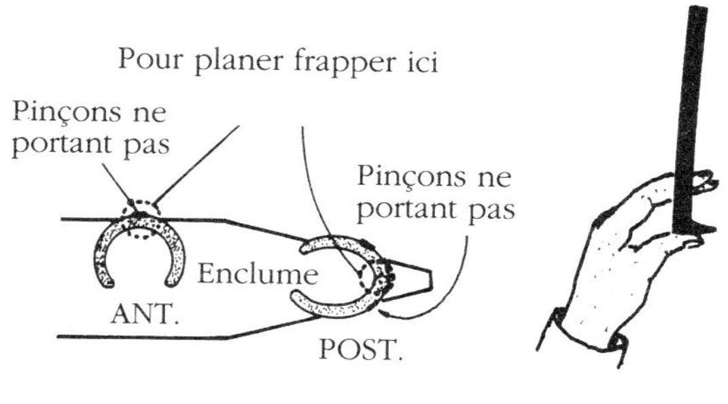

Planer les fers

Fer vu de chant

Ouvrir un fer

Pour écarter les éponges d'un fer, deux solutions : placez sur la bigorne soit les éponges, soit la voûte de telle façon qu'il

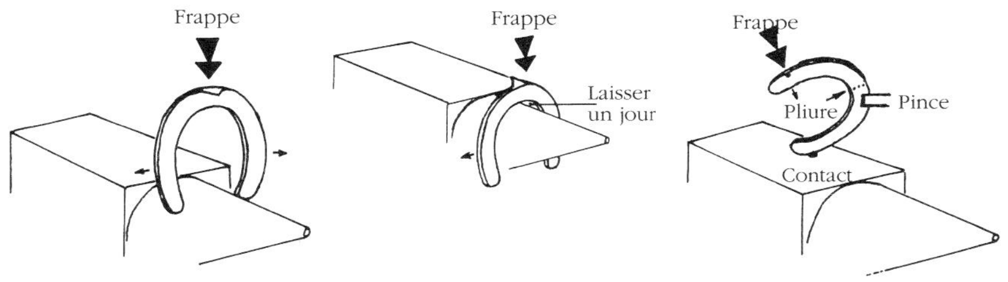

Ouvrir un fer par les éponges — *Ouvrir un fer par la voûte* — *Refermer un fer*

subsiste un jour entre le fer et la bigorne. Frappez ensuite en pince afin que le fer s'ouvre.

Refermer un fer

Le fer est posé à chant sur l'enclume, il suffit de frapper sur la rive opposée pour le plier en pince et rapprocher les éponges. On parle également de ramener une branche à hauteur. Notez que le fer se plie à mi-chemin entre le point d'appui sur l'enclume et l'endroit de la frappe.

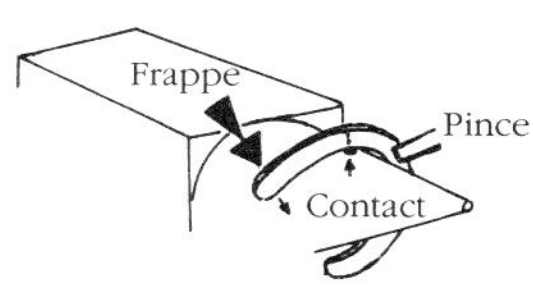

Tourner une branche

Tourner une branche ou rouler une éponge

Placer le fer sur l'arrondi de la bigorne et frappez plus loin que le point d'appui. Le fer se plie au niveau du point de contact de la bigorne.

Redressez une branche

Sur la bigorne ronde, il faut frapper « à déport » entre le point d'appui et la main. Le

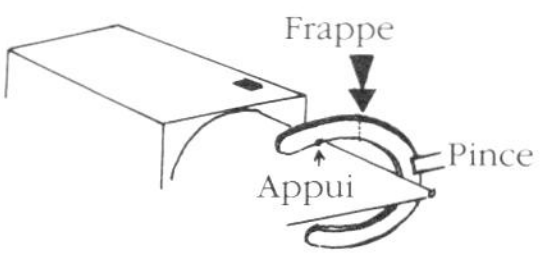

Redresser une branche

fer se plie au niveau de la frappe. On peut également placer l'endroit à redresser sur le plat de l'enclume avant de frapper. Cette dernière manière déforme le fer.

Donner de l'ajusture (manière simple)

L'ajusture anglaise est prise aux dépens de l'épaisseur du fer. Il faut frapper sur la rive interne, le fer à plat sur l'enclume. Notez que le fer a tendance à s'ouvrir. L'ajusture anglaise peut aussi être faite à la meuleuse.

Déboucher les contre-perçures

Après avoir travaillé le fer, les contre-perçures peuvent se déformer. Un poinçon permet de les déboucher.

Tronquer une éponge

Un « ciseau à éponges » se place dans l'œil de l'enclume, le fer chaud est présenté et battu jusqu'à ce que l'éponge soit coupée. La scie à métaux remplit le même office, mais il faut ensuite arrondir les éponges.

FERRAGE À CHAUD, FERRAGE À FROID

Ferrage à chaud, ou à froid, quelle est la différence ?
Quels sont les avantages de ces deux méthodes et dans quel cas employer l'une plutôt que l'autre ?

Traditions régionales

Traditionnellement, dans les régions du sud, les chevaux de selle sont plutôt ferrés à froid, alors que dans le nord, le ferrage s'opère le plus souvent à chaud. On peut interpréter cette tendance de la manière suivante. Dans les zones humides du nord, les pieds des chevaux sont larges et s'enfoncent moins dans le sol. Comme il est difficile de « tourner » à froid les fers de grandes dimensions, le forgeage à chaud facilite cette tâche.

Comparaison des deux méthodes

A chaud, le métal se travaille avec plus de précision et de facilité. Les fers orthopédiques nécessitent un travail du métal impossible à froid. Un fer de forte pointure ne peut se travailler à froid. En portant le fer à chaud, il se moule à la corne. De plus, la chaleur crée une croûte isolante dure qui protège les

sabots ramollis par l'humidité des pâtures. Ainsi, la chaleur raffermit la corne et combat également les moisissures sur la ligne blanche. Dans les régions arides, en revanche, la corne des sabots est relativement sèche et dure ; le fer porté à chaud sur le pied peut occasionner un assèchement supplémentaire de la corne.
Le débutant commence généralement par ferrer à froid, ce qui nécessite cependant un parage plus précis. Pour ferrer à chaud, il faut être rapide car le fer se refroidit très vite. Un fer porté à chaud quelques secondes ne peut pas « brûler » le pied. La corne est très isolante et les parties internes ne ressentent pas la chaleur.

Ordre des opérations

Indépendamment de la mise au feu du fer, les opérations à froid et à chaud se font à peu près dans le même ordre.

- Déferrez les quatre pieds (ou les antérieurs d'abord et les postérieurs ensuite si vous êtes débutants). La régularité de l'usure des fers révèle la qualité du parage. Dans toutes les opérations, prenez l'habitude de toujours commencer par le même pied : l'antérieur gauche par exemple.
- Choisissez les fers et mettez-les éventuellement à chauffer.
- Parez les quatre pieds (ou deux par deux).
- Présentez les fers tour à tour sur les pieds et travaillez-les sur l'enclume. A chaud, faites-les porter sur la corne.
- Lorsque les fers sont prêts, brochez-les tour à tour avec toutes les précautions nécessaires.
- Formez les rivets et finissez les pieds à la râpe, un pied après l'autre et une branche après l'autre.

CONSOLIDER UNE FERRURE

Méthode

Quelques interventions simples, faites à temps, prolongent la tenue d'un fer qui commence à se séparer du sabot. Commençons par le plus simple.

Resserrer un rivet

Souvent, ce sont les rivets des clous fixés aux talons qui commencent à se soulever et finissent par lâcher. Il faut donc les rabattre contre la paroi. Notez que le métal du rivet rabattu est affaibli au niveau de la pliure.

■

Avec une pince à river

C'est un outil remarquablement efficace. La mâchoire qui est droite prend appui contre la tête du clou et l'un des crans de la mâchoire

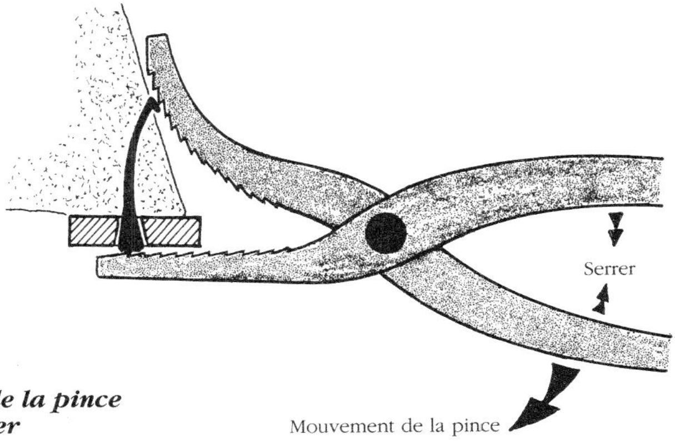

Action de la pince à river

Serrer un rivet avec la tricoise

arrondie accroche le rivet. Saisissez la pince à deux mains et rabattez progressivement le rivet contre la paroi. Veillez à ce que les dents ne dérapent pas contre le métal, ce qui affaiblirait le rivet. Cette pince développe une force importante ; veillez à ne pas trop comprimer le sabot.

Sans pince à river

Sans pince à river, il faut disposer d'une mailloche et d'une tricoise qui peut être remplacée, pour faire masse, par un petit bloc métallique. Placez la tricoise contre la tête du clou et, par petits coups de mailloche, rabattez le rivet dans son logement.

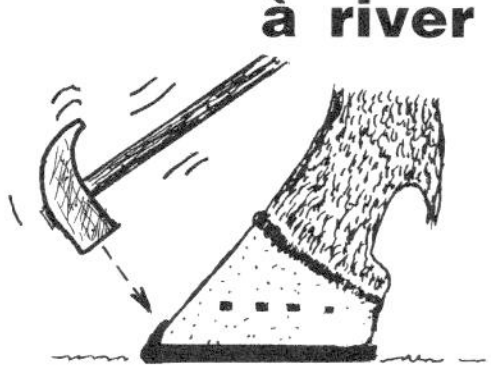

Rabattre un pinçon

Rabattre un pinçon

Le dicton : *un pinçon vaut deux clous* est éloquent. Lorsqu'un fer prend du jeu, le pinçon (antérieur surtout), se décolle de la paroi et manque de solidité ; sa base est en effet affaiblie par l'usure de la pince. Le pied posé, il suffit de le rabattre par petits coups en commençant par sa base. Maintenez un autre membre levé pour que le pied reste à l'appui.

Chasser un clou coincé

Remplacer un clou

Le plus difficile consiste souvent à extraire le vieux clou sans enlever le fer.

Extraire un vieux clou

Sa tête est coincée dans l'étampure. Commencez par dériver en redressant le rivet, avec le rogne-pied ou le dérivoir, sans le casser. Pincer la pointe du rivet avec le mors de la tricoise et frappez sur le fer, près de la tête du clou à extraire. Sous les chocs, le clou commence à sortir. Dès que la tête apparaît hors de l'étampure, arrachez le clou avec la tricoise par des mouvements de levier.

Mettre un clou

Il faut avoir confiance en soi. Avec quelques précautions, il est pratiquement impossible de blesser un cheval qui reste calme. Si le fer bouge légèrement, commencez par remplacer les clous des talons.
En effet : *ce sont les clous des talons qui ramènent le cheval à la maison,* dit le proverbe, car le fer s'arrache souvent par derrière. Un clou neuf enfoncé dans un trou ancien, ne tient pas aussi bien que s'il était enfoncé dans la corne neuve. Il faut donc l'orienter différemment pour qu'il ne passe pas dans l'ancien trou. Notez que l'usure du fer a réduit la taille de l'étampure. Prenez alors un clou d'une taille inférieure à ceux encore en place.

Brocher le clou

• *Dans le bon sens*
Le grain d'orge du clou lui impose une trajectoire courbe dans la corne et fait ressortir la pointe. Comme l'indique le croquis, le grain d'orge est disposé vers l'intérieur du pied. Ce grain d'orge n'est pas toujours facile à voir. Vous pouvez également vous référer à la marque du clou qui est poinçonné au collet sur la même face que le grain d'orge.

• *La bonne orientation*
Tenez le clou entre le pouce et l'index, les

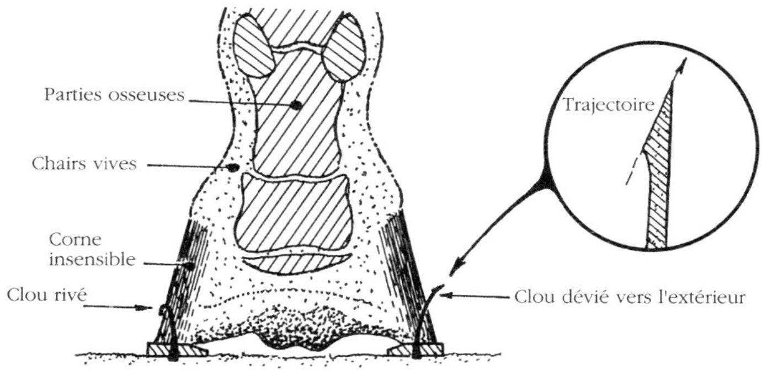

Trajectoire du clou dans la corne

trois autres doigts contre la paroi pour vous aider à diriger le clou parallèlement à la muraille. Placez-le au centre de l'étampure et par quelques petits coups de mailloche faites-le tenir ; sans plus. Dirigez-le ensuite vers l'endroit par où vous désirez qu'il sorte : la ligne de sortie des clous est au tiers inférieur de la paroi. N'hésitez pas ensuite à le brocher. Après l'avoir enfoncé sur deux tiers de sa longueur, la pointe doit apparaître. Dans le cas contraire, enlevez le clou et réorientez-le. Brochez alors « à fond » et pour une raison de sécurité, repliez immédiatement la pointe qui dépasse avec la mailloche. La résistance et la sonorité de la corne sont des aides précieuses. Un son sourd indique que le clou prend une mauvaise direction vers les parties molles. Retirez-le pour ne pas risquer la « piqûre ». Au contraire, un son clair indique que le clou a pénétré dans la corne dure et insensible. Un coup sec de brochoir suffit à le faire ressortir. Si vous n'avez pas beaucoup d'expérience, retirez le clou dont la pointe n'apparaît pas, après l'avoir broché aux deux tiers. Notez également que si vous frappez à petits coups, la pointe à l'intérieur du pied a du mal à pénétrer

dans la corne dure et dérape ; le clou ressort alors plus haut. Au contraire, des coups francs font ressortir le clou à l'endroit désiré.
Placez ensuite les mors de la tricoise contre le fer ou contre la corne et frappez sur la tête, pour la coincer dans l'étampure. Il reste à former le rivet. Placez les mors de la tricoise contre la partie repliée du clou et frappez sur la tête pour serrer le clou. Coupez l'excès de longueur du clou au ras de la paroi.
Avec un vieux rogne-pied, une râpe ou un dégorgeoir, enlevez un copeau de corne à la sortie du clou pour créer une cavité où le rivet viendra se loger, en évitant qu'il ne dépasse. Avec la pince à river, rabattez le rivet dans sa cavité. Sans pince à river, placez le mors de la tricoise (ou un morceau de métal faisant masse) contre la partie repliée, et frappez sur la tête du clou, en tournant progressivement la tricoise pour rabattre le

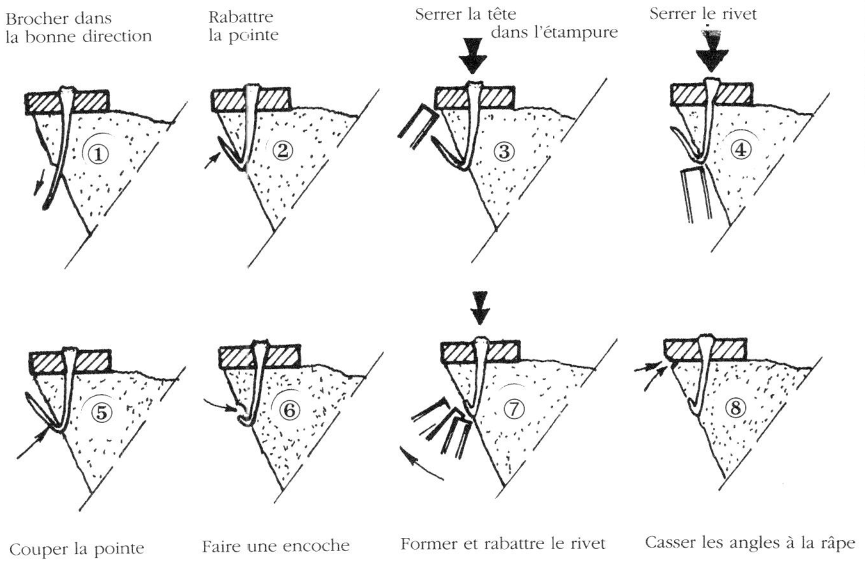

Clou et rivet : les différentes « passes »

rivet dans son logement. Ensuite, placez la tricoise faisant masse contre le tête du clou et frapper sur le rivet « en tirant », pour l'encastrer à fond dans son logement. La solidité du rivet conditionne la tenue du fer. Un rivet terminé doit être carré, sans excès de longueur et sans dépasser de la paroi. Si la tête d'un clou neuf placé dans un fer usé dépasse, râpez-la pour éviter qu'elle se torde lorsque le cheval marche.

LIMITER L'USURE DES FERS

Pendant les longs parcours, les cavaliers sont confrontés au grave problème de l'usure prématurée des fers. Il m'est arrivé en randonnée, d'user un jeu de fers classiques en six ou sept jours. Il est vrai qu'une grande partie de l'itinéraire était sur route.
Les fabricants butent actuellement sur ce problème. Il existe des aciers très durs et pratiquement inusables, mais des fers en acier dur font déraper le cheval et ne sont pas amortissants. Or, le ferrage doit permettre au cheval de poser naturellement ses pieds, tout particulièrement sur terrain dur.

Les fers épais et couverts

Le commerce propose des fers épais et larges (couverts). Vous gagnez ainsi en quantité de métal et le fer tiendra plus longtemps. L'augmentation de poids n'a pas de réel inconvénient pour le cheval. Pour durer, un fer couvert est préférable à un fer épais.

Recharger les fers

Une solution consiste à choisir des fers rainés et à remplir les rainures d'un métal très dur au moyen d'une soudure électrique. Les électrodes CYDUR de chez Commercy conviennent bien.

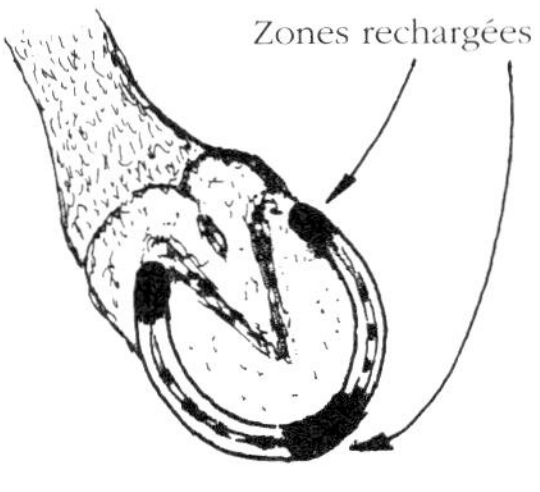

Rechargement à la soudure

Les clous au tungstène

Le commerce propose des clous dont la tête est équipée d'une pastille de carbure de tungstène. Deux clous au tungstène placés en pince suffisent à limiter l'usure du fer.

Les cônes au carbure de tungstène

Cône de carbure de tungstène

C'est à mon avis la meilleure solution. Je l'ai expérimentée sur des ferrures qui ont tenu plus de mille kilomètres. Les cônes de tungstène sont battus « à ras » du fer en pince et deux autres aux éponges. Si le cheval use particulièrement une branche placez-en un autre au centre de la zone d'usure. Conformez-vous au croquis pour le perçage qui se fait lorsque le fer est sur le point d'être posé. Placez un morceau de métal entre le marteau et le cône pendant le battage, pour éviter de marquer le marteau. Évitez cependant de trotter sur le goudron, car les cônes jouent un rôle de crampon et bloquent les pieds qui se posent. Pour la pose des cônes, consulter le chapitre : « quelques astuces ».
Quel que soit le système employé, l'attention doit se porter en priorité sur les aplombs au moment du parage afin que les fers, en s'usant également à chaque pied, durent plus longtemps.

COMMENT DÉFERRER ?

Avec la lame du rogne-pied ou le dérivoir, dépliez ou coupez tous les rivets. Comptez-les pour vous assurer que vous n'en avez pas oubliés. Introduisez les mors de la tricoise tour à tour sous les branches du fer. En serrant, les mors se rejoignent et décollent le fer du sabot. Le fer se soulève mieux en basculant la tricoise dans l'axe du pied, sans imprimer de torsion latérale. Tenez fermement le pied pendant cette opération. Tapez ensuite sur le fer avec la tricoise. En se plaquant contre la corne, les têtes des clous apparaissent hors des étampures. Retirez celles qui dépassent. Agir ainsi de suite en allant vers la pince. Notez que les professionnels, pour gagner du temps, déferrent sans retirer les clous. En basculant la tricoise, veillez à ne pas abîmer la corne. Faites toujours porter les mors de la tricoise à plat et non pas suivant l'arrondi. En fonction de la position du clou dans la mâchoire, le levier d'arrachement est plus ou moins puissant. Si le clou est difficile à arracher, prenez-le dans la pince, tout près du bord (voir croquis). Sécurité oblige, le fer étant arraché, repliez les clous restés sur le fer et posez-le avec le pinçon vers le bas.
Le maréchal déferre les quatre pieds avant de passer à la phase suivante, mais le débutant a intérêt à commencer par un bipède, antérieur ou postérieur. Vérifiez bien qu'un morceau de clou cassé ne soit pas resté

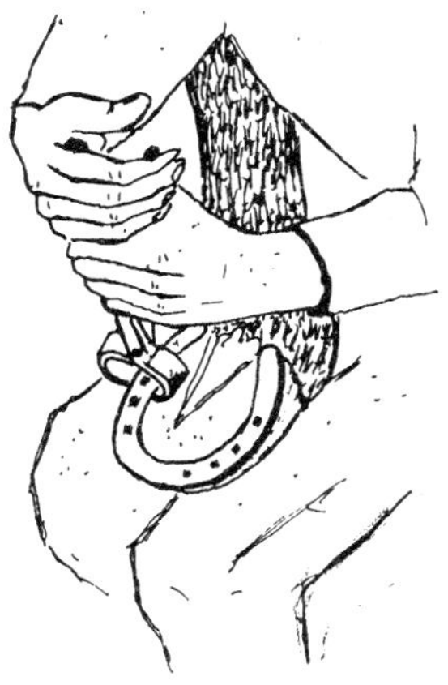

Comment déferrer ?

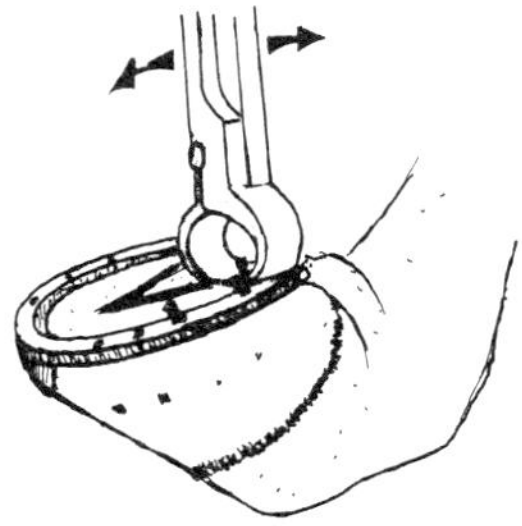
Mouvement de la tricoise

dans la corne (souche), car il risquerait de dévier le prochain clou vers les chairs vives. Si vous êtes « lent à ferrer », ne déferrez que deux pieds à la fois pour éviter que le cheval abîme la corne non protégée en grattant le sol avec son pied. L'usure des « déferres » vous en dit long sur la manière de marcher du cheval. Le maréchal en tient compte pour le parage.

Il faut savoir que le pied « fonctionne bien » si la corne use le fer au niveau des talons.

LES ASTUCES
ET L'ENTRETIEN

QUELQUES ASTUCES

Chez soi, tout est facile. Les outils habituels, l'enclume et la forge sont à votre disposition. Mais en randonnée, il va falloir se débrouiller par des moyens de fortune et faire preuve parfois d'imagination.

La trousse de maréchalerie du randonneur

En randonnée, l'ennemi numéro un, c'est le poids. Il faut donc une trousse légère contenant des outils efficaces mais de taille réduite.

Mini-trousse de maréchalerie

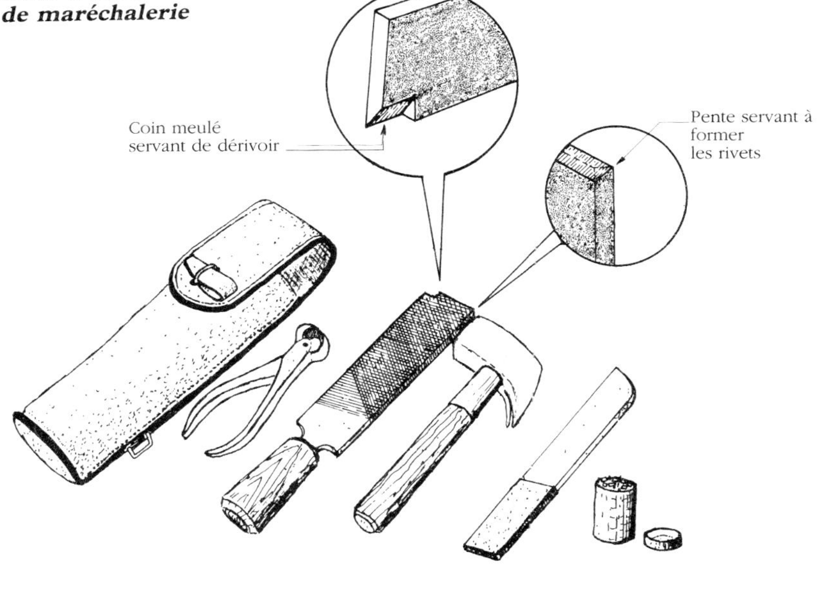

Le croquis présente une « mini trousse » apte à accompagner les randonneurs sur des milliers de kilomètres. Notez la double astuce sur l'extrémité de la râpe. Les petits outils ne permettent cependant pas de travailler dans de bonnes conditions. Si vous partez à plusieurs, emportez vos outils habituels que vous répartissez entre les différents cavaliers du groupe : la mailloche, la tricoise écarteuse, un rogne-pied et à la place d'une lourde râpe, prenez un modèle alvéolé léger, que l'on trouve dans les magasins de bricolage.

Quels fers emporter ?

L'idéal consiste à emporter des fers préparés à la forme des pieds. Pour se dépanner, un jeu de deux fers diagonaux suffit généralement. Vous trouverez, chez Faure notamment, des fers à multiples étampures qui vous permettent de brocher là où la corne est bonne.

L'easy-boot

Solution bien pratique lorsqu'on ne peut pas fixer dans l'immédiat un fer arraché. L'easy-

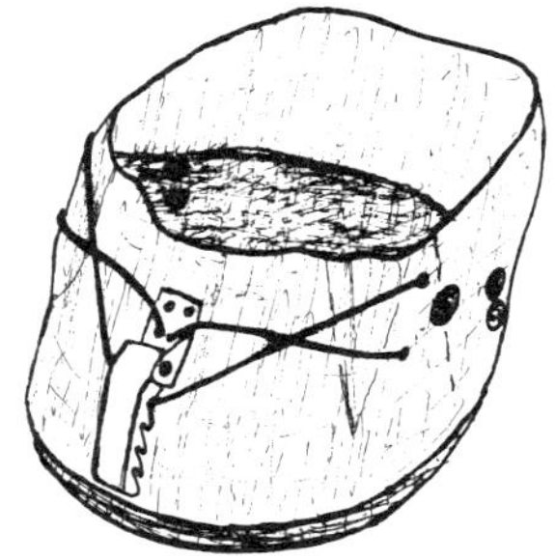

Easy-boot

boot est une sorte de chaussure en plastique dur qui se fixe au moyen d'une fermeture, type chaussure de ski. Le modèle doit être à la taille du pied pour qu'il ne se perde pas dans la boue par exemple.

Brocher les clous : la planche d'entraînement

A titre d'entraînement, commencez par brocher des clous dans une planche tenue entre les genoux. Marquez la ligne de sortie des pointes et essayez de vous en rapprocher le plus possible.

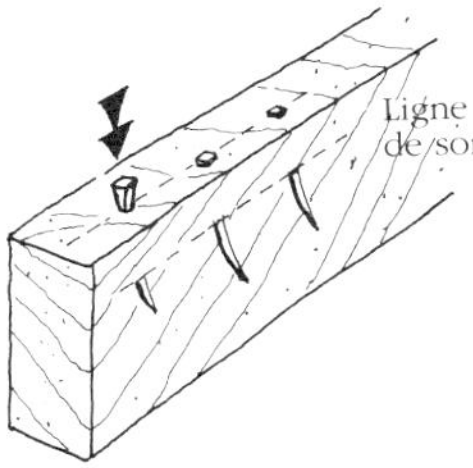

La planche d'entraînement

Si le clou ne ressort pas

Si le clou ne ressort pas du sabot après l'avoir broché aux deux tiers, retirez-le et incurvez légèrement la pointe pour augmenter l'effet du grain d'orge. Brochez-le à nouveau, car il doit ressortir !

Resserrer les branches avec deux marteaux

Après avoir broché des clous sur une seule branche, vous pouvez constater un excès de garniture sur l'autre branche ; il est encore possible de resserrer légèrement les branches sans enlever le fer. Placez un marteau lourd contre la branche clouée et frappez sur l'autre. Le choc est transmis au marteau faisant masse sans que le pied ne le perçoive. Ceci n'est possible que pour les faibles modifications, sinon le fer risque de se voiler.

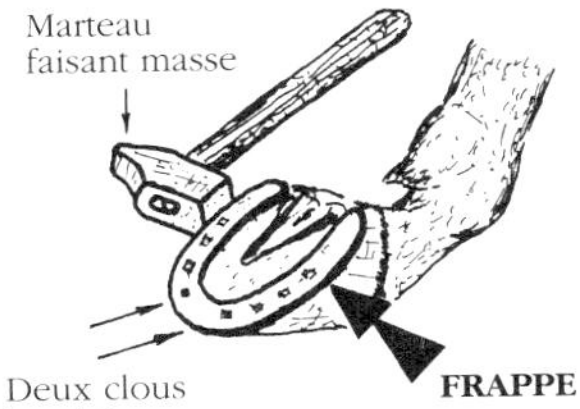

Refermer légèrement un fer

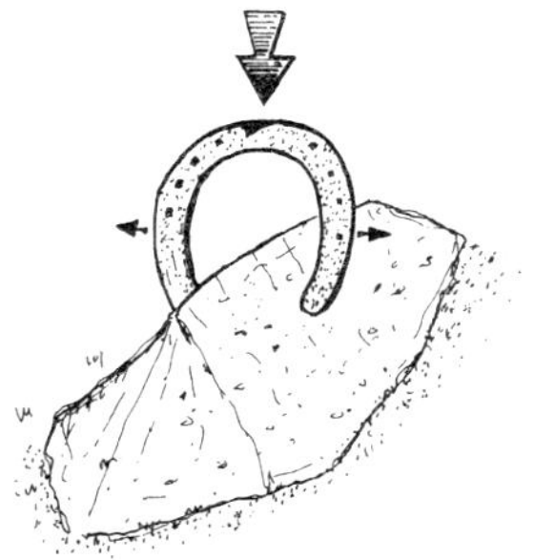

Ouvrir un fer sans enclume

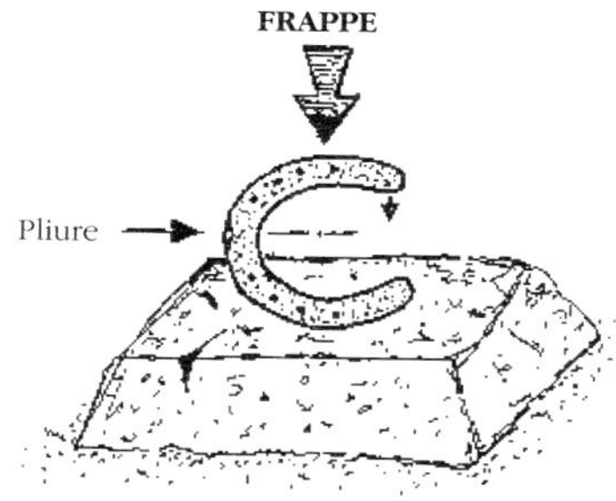

Planer un fer sans enclume

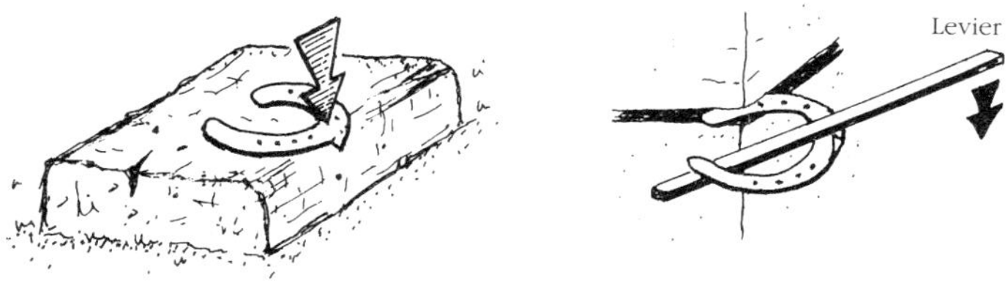

Refermer un fer sans enclume

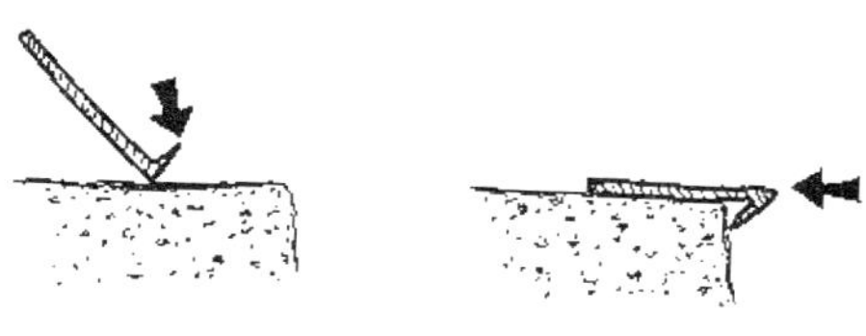

Redresser un pinçon sans enclume

Interventions sur le fer sans enclume

Vous pouvez ouvrir ou refermer un fer ou encore redresser un pinçon, en vous aidant d'un rebord de trottoir ou du sommet d'une pierre. Planez le fer ensuite sur une pierre plate ou avec un bras de levier.

Précautions dans la neige

Sans précaution particulière, la neige colle au sabot et gêne le cheval pour marcher, on dit qu'elle « botte » sous le sabot. En badigeonnant grassement la sole avec du saindoux, la neige n'adhère plus. Il faut remettre du saindoux dès que la neige recommence à adhérer. Une solution de maréchalerie consiste à placer entre le fer et le sabot un bourrelet « chasse neige », le *Huf-grip,* que vous trouverez chez les marchands de fers.

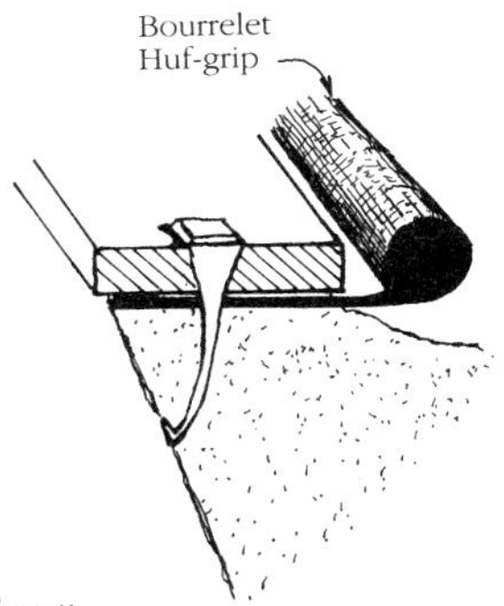

Bourrelet « chasse neige »

Crampons : les bouchons d'attente

Evitez de laisser les crampons en place entre les épreuves. Mais ne laissez pas les trous ouverts, car ils se rempliraient de terre et le filetage s'abîmerait. Vous pouvez placer dans les trous des bouchons d'attente, réalisés dans un morceau de tige filetée, ou un morceau de boulon, du même pas de vis que le crampon. Un trait de scie sur la tête vous permettra de le dévisser.

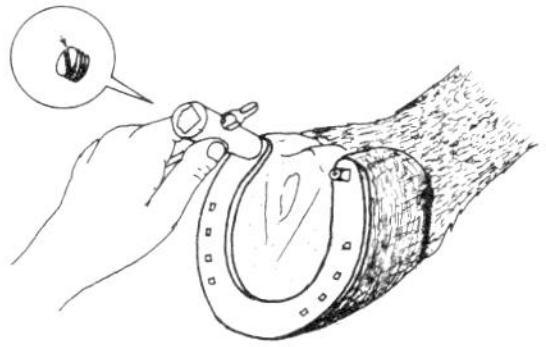

Bouchon d'attente pour crampon

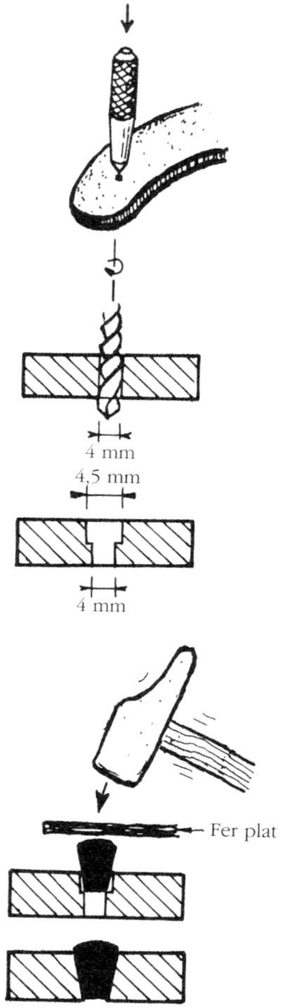

Mise en place des cônes

Comment poser des cônes de tungstène ?

L'utilité des cônes de tungstène est traitée dans le chapitre « limiter l'usure des fers ». Pour poser les cônes, il faut d'abord marquer au pointeau leur emplacement sur le fer. Puis, percez l'épaisseur sur 4 mm et repercez la moitié de l'épaisseur sur 4,5 mm. Pour éviter d'abîmer la frappe du marteau, interposez un morceau de métal entre le cône et le marteau. Le cône ne doit pratiquement pas dépasser du fer après la pose.

Une plaque de fortune

En cas de blessure de la sole *(bleime)* et après les soins nécessaires décrits au chapitre suivant, mettez en place une plaque en fer blanc pour protéger la zone blessée. Les dimensions de la plaque dépendront de la zone affectée. Glissez la plaque sous le fer après avoir enlevé les clous qui peuvent gêner. Clouez la plaque et découpez ou râpez ce qui dépasse de la corne. Lorsque la blessure est guérie, vous dégagez la plaque en découpant la partie intérieure avec un rogne-pied en suivant la rive interne du fer.

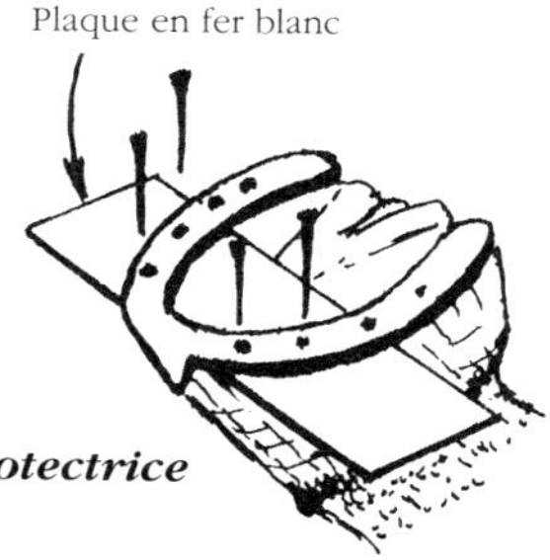

Une plaque protectrice de fortune

Le cheval qui se touche

Généralement, un cheval aux aplombs serrés a les pieds qui se touchent ; une astuce consiste à nouer lâchement une cordelette autour des deux paturons. Le cheval a ainsi tendance à écarter les pieds et à la longue peut se corriger.

Le cheval qui tape à l'écurie

Certains chevaux martèlent sans raisons les murs de leur écurie en ruant, au risque de se blesser et de déferrer. Placez un entravon aux paturons d'où pendra un morceau de chaîne d'environ trente centimètres de longueur. Si bien qu'à chaque ruade, le cheval se punit lui-même, fouetté par les « retours de coups » de la chaîne.

À fabriquer vous-mêmes

Un tablier de maréchalerie

Le plan indique les cotes d'un tablier de maréchalerie que l'on peut réaliser à partir de deux vieux tabliers de soudage de récupération. Quelques notions de bourrellerie sont donc nécessaires.

Un pied d'enclume démontable

Le modèle démontable décrit sur les plans est particulièrement efficace et ne nécessite aucun montage vissé.

Le tord-nez

Au début du ferrage, un tord-nez est souvent nécessaire pour empêcher le cheval de se

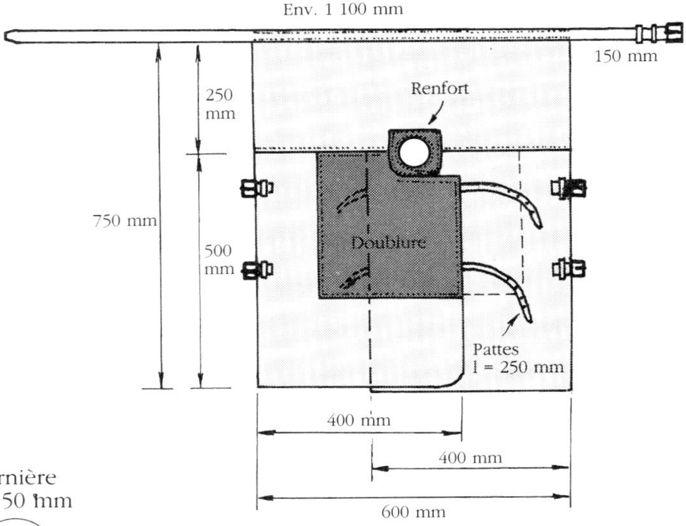

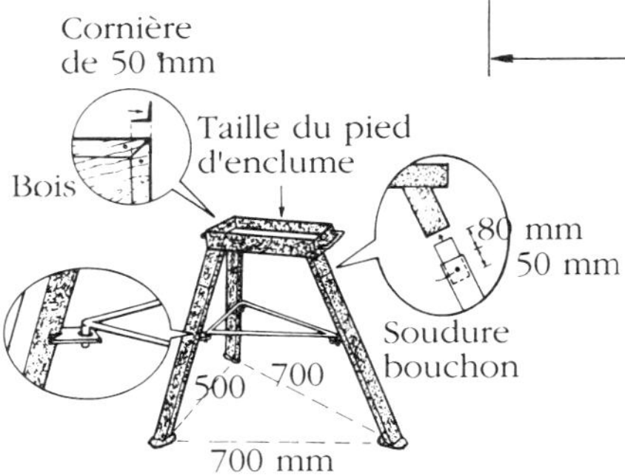

Le pied d'enclume démontable

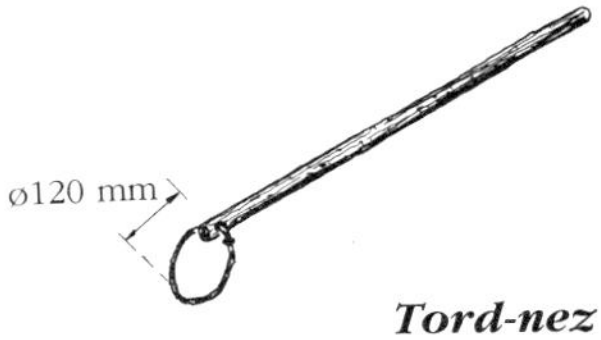

Tord-nez

défendre. Les anciens modèles mesuraient un mètre de long. Utilisez de la ficelle de lieuse, la main doit pouvoir passer facilement dans la boucle pour faciliter la mise en place du tord-nez.

Une forge à gaz

Le bricoleur qui sait souder à l'arc, peut facilement réaliser une forge à gaz suivant les plans ci-joints. Vous trouverez des briques réfractaires chez tous les marchands de matériaux. L'idéal serait de plier le métal, mais néanmoins vous pouvez découper les différents éléments et les assembler en les soudant. Le brûleur est un simple tube bouché à une extrémité et percé à 0,8 mm de diamètre. Un détendeur à propane est indispensable. Le modèle décrit comporte une brique amovible sur l'arrière. En l'enlevant vous pourrez introduire des pièces allongées dans la forge.

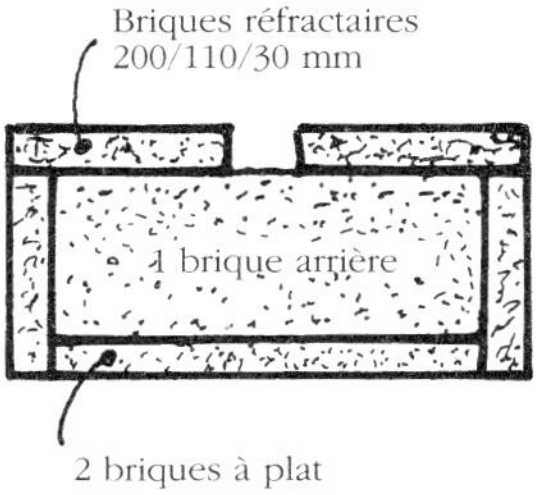

Disposition des sept briques

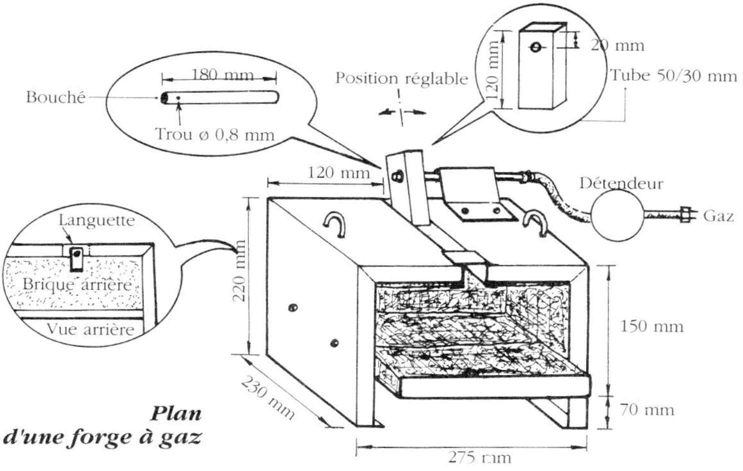

Plan d'une forge à gaz

ENTRETIEN ET SOIN DES PIEDS

La bonne santé des pieds est d'une importance capitale. En dehors de l'acte de maréchalerie, une surveillance et des soins attentionnés sont indispensables.

Entretien et hygiène des pieds

Humidité et souplesse de la corne

La corne, en perdant son humidité naturelle devient cassante, les clous en créant des ouvertures favorisent son dessèchement. En pâture la rosée sur l'herbe réhumidifie les pieds. Dans les pâtures inondées, les soles ramollies ont tendance à se bomber. Quand le terrain est sec, n'hésitez pas à donner des bains de pieds pour humidifier la corne. Ne jamais râper le périople, car c'est un vernis qui protège le sabot. Deux fois par semaine, on graisse le pied au pinceau en prenant soin d'éviter la couronne.

■

Attention aux nids à fumier

Les lacunes latérales ont tendance à devenir des nids à fumier ; en les curant régulièrement, vous préviendrez les infections.

Favoriser la pousse de la corne

Les vitamines contenues dans certains onguents favorisent la pousse de la corne. Celle-ci est ralentie chez un cheval en mauvaise santé. Un changement dans le travail ou dans l'alimentation, comme le passage du box à la pâture par exemple, modifie la vitesse de pousse de la corne. Cette perturbation occasionne ce qu'on appelle les pieds cerclés, surtout chez les jeunes chevaux. La pousse de la corne est activée, en massant ou en frictionnant la couronne, avec de la teinture d'iode ou de l'huile de cade, tous les deux jours et à dix reprises.

Accidents et soins

Les zones délicates du pied

On parle de « clou de rue » quand il y a perforation accidentelle de la sole. Repérez le lieu d'implantation, retirez le corps étranger, amincissez la corne autour de la blessure et mettez un coton imbibé d'essence de térébenthine. Vous devez vous prémunir contre le tétanos. Une plaque est souhaitée. L'affection est plus ou moins grave selon l'endroit blessé.

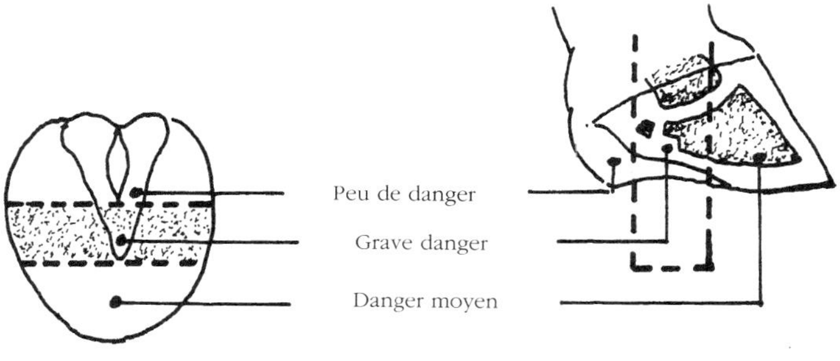

Les zones dangereuses du pied

La piqûre

Si le clou pénètre dans les chairs vives, le cheval retire brusquement son pied et une goutte de sang peut perler. Retirer le clou, désinfectez avec de la teinture d'iode ou de l'essence de térébenthine et placez éventuellement un coton dans le trou. Coupez le clou et bouchez l'étampure en rivant la tête dans le fer pour éviter l'introduction de corps étrangers. En cas de plaie, le sérum antitétanique est souhaité.

■

L'enclouure

Un clou, qui a effleuré les chairs vives du pied fait boiter le cheval quelques jours. Retirez alors les clous, l'un après l'autre, en commençant par ceux qui sont brochés plus haut. L'odeur du clou qui a séjourné dans une zone infectée est caractéristique. Autre signe, le clou oxydé par l'infection, est plus foncé que les autres. Soignez le pied de la même manière qu'un abcès.

■

Soigner un abcès

En présence d'un abcès, le pied du cheval est chaud et douloureux. Avec la pince à sonder, localisez le lieu de l'abcès et amaincissez la corne avec une rénette. Si un liquide noir s'écoule, le cas est moins grave que s'il s'agissait de pus jaune et malodorant. En présence du liquide noir, faites des bains de liqueur de Villate. En présence de pus, faites appel au vétérinaire. Là encore, il faut vous prémunir contre le tétanos.

■

Sonder le pied

Pour localiser l'endroit du sabot où le cheval souffre, vous pouvez, soit frapper sur le sabot avec la mailloche, soit utiliser une pince exploratrice dite pince à sonder qui pince tour à tour la paroi, la sole et la fourchette. Le retrait brusque du pied indique l'endroit douloureux. Revenez plusieurs fois sur cet endroit pour vous en assurer.

Utilisation de la pince à sonder

La bleime

Un choc sur la sole, au niveau des talons, provoque une *bleime* douloureuse. La bleime équivaut au pinçon que l'homme peut se faire au doigt. La corne meurtrie se colore de sang. Cette affection fréquente n'est pas grave. La maréchal, en parant les pieds, rencontre souvent des taches rouges dans la corne, traces de bleimes anciennes.

■

L'atteinte

Le cheval aux pieds longs par exemple, peut se « scalper » un talon antérieur avec le fer postérieur. Coupez les poils et le lambeau au niveau de la plaie, lavez et désinfectez. Elle saigne beaucoup, mais n'est généralement pas grave. Le croquis indique comment mettre une bande de protection en place.

Pansement du talon

■

Barrer une seime

La *seime* est une fente dans la corne qui survient en pince fréquemment. Partant de la couronne, elle est le symptôme d'un effort violent qui tout en fissurant le sabot a séparé les fibres de la corne. Il faut assouplir la corne autour de la seime et amincir les bords, pour éviter un pincement des chairs internes et que la fente ne se prolonge. On peut barrer la seime en faisant avec la rénette, ou la râpe, une rainure parallèle à la couronne d'une longueur de 2 à 3 cm de part et d'autre de la fente. Un coup de râpe ou de rogne-pied sur la partie en contact avec le fer crée une suppression d'appui. D'autres remèdes plus compliqués existent.

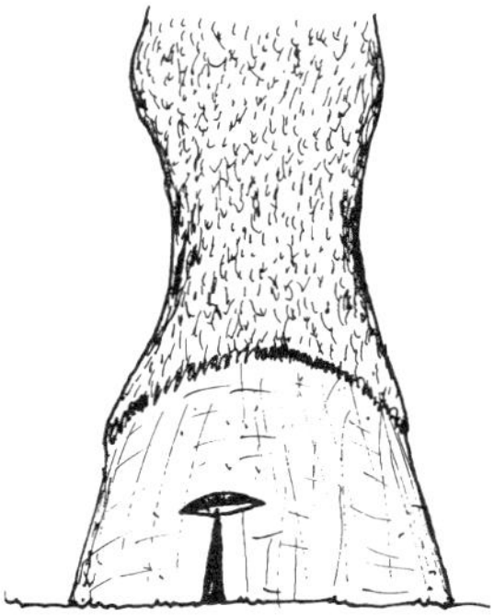

Barrer une seime

Le pied serré

Un pinçon trop bridé ou bien un clou peuvent serrer le pied et faire souffrir le cheval. Déferrez et assurez-vous qu'il n'y a pas d'abcès. Referrez sans serrer les clous et évitez de brocher dans les parties douloureuses.

La fourmilière

Une cavité entre la corne et la chair peut apparaître et se remplir de sang ou de pus. La plupart du temps, la fourmilière se remarque lors du parage.

Assainir les fourchettes

Dans les litières malpropres, la fourchette échauffée ou pourrie, peut se décoller en laissant s'écouler un liquide sombre et malodorant. Il faut curer les lacunes, nettoyer la litière et placer dans les lacunes des cotons imbibés de liqueur de Villate ou une solution eau/sulfate de cuivre à 10 %.

La fourbure

La cause exacte de la fourbure est quelquefois méconnue. Elle se localise souvent dans les pieds antérieurs. La plupart du temps, la fourbure frappe un cheval nourri trop richement pour le travail qu'il fournit. Un excès de travail peut aussi être à l'origine de cette affection. Le cheval qui souffre de fourbure porte ses antérieurs en avant et reporte son poids sur les postérieurs. Les pieds atteints sont chauds et le cheval souffre énormément. Il faut refroidir les pieds, donner une nourriture rafraîchissante et desserrer doucement les clous sans déferrer. Le vétérinaire peut pratiquer une saignée abondante qui décongestionne le sang. Dans le cas d'une fourbure aiguë, la troisième phalange peut basculer sous la poussée du sang accumulé entre la paroi et l'os, et traverser la sole.

■

L'encastelure

Si la corne est trop sèche, ou bien si la ferrure empêche un libre jeu à l'arrière du pied, les talons peuvent alors se resserrer et la fourchette s'atrophie car elle n'est plus à l'appui. Le pied souffre parce qu'il est comprimé. Le maréchal peut « ouvrir les lacunes » et appliquer une ferrure à planche qui oblige la fourchette à prendre appui. Des fers à pantoufles obligent les talons à s'écarter, mais leur pose est du ressort d'un professionnel. Il faut également retrouver la souplesse de la corne avec des bains et de l'onguent.

■

La maladie naviculaire

Cette maladie des antérieurs atteint les surfaces osseuses qui, en devenant râpeuses, déchirent les tissus. Le cheval boite en reportant son poids sur la pince. Ce mal est pratiquement incurable.

La boiterie

L'examen d'une boiterie est visuel et auditif. La recherche du membre boiteux se fait méthodiquement :

• *Antérieur ou postérieur*
« La boiterie d'un antérieur se voit alors que celle d'un postérieur s'entend. » C'est au trot sur une surface dure que l'on juge d'une boiterie. Notez que certains chevaux boitent à froid et d'autres à chaud. La boiterie d'un antérieur est accentuée dans une descente, alors que celle d'un postérieur l'est dans la montée.

• *Droit ou gauche*
Pour soulager le membre boiteux, le cheval « tombe » sur celui qui est sain. Si vous êtes à cheval, restez au trot assis, les rênes longues et regardez ses oreilles. Tout mouvement dissymétrique révèle une boiterie. Le cheval lève la tête et l'encolure chaque fois qu'un antérieur boiteux appuie sur le sol ; il les abaisse lorsque l'antérieur sain appuie à son tour.

Pour les postérieurs, le pied sain frappe plus forts sur le sol que le pied boiteux. A l'arrêt, le cheval a tendance à ne poser que le membre sain.
Suivant le degré de la boiterie, on dit qu'il « feinte, tire, boite légèrement, boite ou marche sur trois jambes ».

QUELQUES FERRURES PARTICULIÈRES

Sans entrer dans les problèmes d'orthopédie, il est intéressant de connaître les remèdes qu'apporte la maréchalerie.

Placer des plaques sous les fers

On dispose des plaques entre le pied et le fer pour deux raisons :
- Protéger la sole des chocs, en terrain caillouteux,
- Créer une épaisseur amortissante entre le fer et le pied.

Le commerce propose de nombreux modèles de plaques. Si le but est de protéger la sole, prenez des plaques rigides. J'ai expérimenté avec grand succès des plaques faites d'une épaisseur de caoutchouc dur pris entre deux épaisseurs d'aluminium. Pour la pose, préparez le fer et découpez grossièrement la plaque à sa taille. Posez l'ensemble en brochant à travers la plaque et râpez tout autour. La plaque est alors parfaitement ajustée au fer. Sous la plaque, bourrez les lacunes avec des morceaux de coton imprégnés de goudron de Norvège, ou bien injectez du Rubson

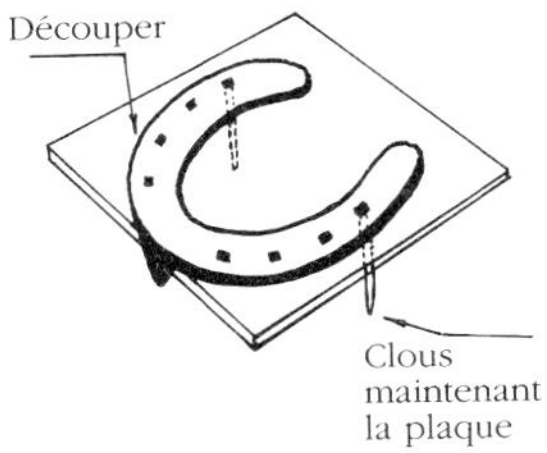

Plaque de protection

à durcissement rapide. Les commerçants proposent un produit identique qui durcit très rapidement. La fourchette se moule dans la gomme élastique. Évitez de laisser les plaques trop longtemps en place, car la sole et la fourchette ont besoin de respirer. Notez que les plaques souples servant d'amortisseurs, ont une élasticité qui finit par affaiblir les rivets.

Les crampons vissés

Pour éviter que le cheval dérape sur un terrain glissant, les fers peuvent être munis de crampon, que l'on visse au niveau des éponges. Les pas de vis classiques sont de 8 mm × 1,25 mm ou de 10 mm × 1,5 mm (diamètre × pas-de-vis). Pour du 10 × 1,5, il faut percer à 10 mm – 1,50 mm = 8,5 mm et tarauder ensuite. Le taraud se place mieux si vous chanfreinez légèrement l'ouverture du trou.

Fer à pantoufles et à traverse

Pour favoriser la croissance de la corne sur les talons, le maréchal peut *pantoufler les fers* en créant un talus sur les branches. Avec des *pantoufles,* les talons en prenant appui ont tendance à s'écarter. De nombreux maréchaux préfèrent les *fers à traverse* ou *à planche* plutôt que les *fers à pantoufles.*

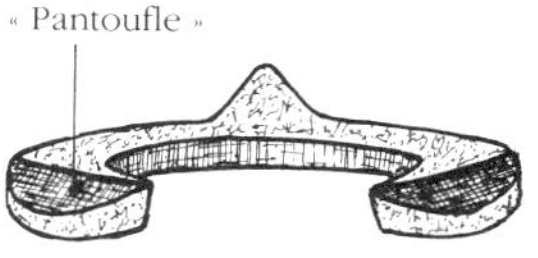

Le fer pantouflé

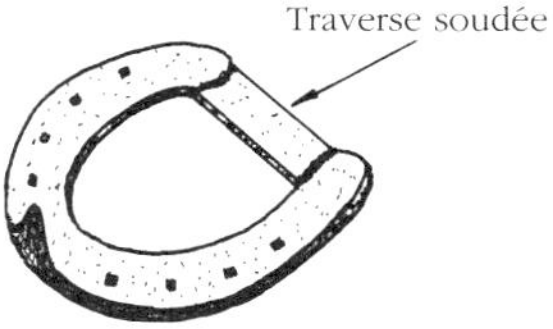

Fer à traverse soudée

L'APPRENTISSAGE ET L'INSTALLATION

FORMATION ET C.A.P. DE MARÉCHAL-FERRANT

La meilleure formation, même si vous avez déjà des notions de maréchalerie, consiste à préparer un C.A.P. dont le programme a été étudié pour répondre aux principales exigences professionnelles du métier.

Comment apprendre ?

La formation professionnelle

- *Le haras du Pin*
  La formation est sanctionnée par un C.A.P. délivré à la suite d'un examen de l'enseignement technique. Age d'inscription : 14 à 16 ans. Durée de la formation : trois ans. Sélection d'entrée très sévère à la suite d'un examen d'admissibilité. Cinq candidats retenus par année de formation. Renseignements :

Ecole de maréchalerie du Pin
Haras du Pin
Cedex 1703
61310 EXMES

- *Le haras de Tarbes*
  La formation dure deux ans avec trois mois de stage pratique. Renseignements :
  Lycée professionnel sixte Vignon
  65800 TARBES

- *L'école de Saumur* nouvellement créée prépare un B.E.P.A. option maréchal-ferrant. Scolarité de deux ans à la suite d'un concours d'admission. Cinq élèves par formation. Renseignements :
  Ecole de Maréchalerie de Saumur
  Ecole Nationale d'Equitation
  B.P. 207 Terrefort
  49400 SAUMUR

■

L'apprentissage

La formation se fait chez un maréchal-ferrant affilié à un centre de fromation des apprentis. Age minimum 16 ans, durée de 2 ans. Renseignements :

- *F.F.A. Comminges Gourdan Polignan*
  32210 MONTREJEAN

- *C.F.A. DE Saint Hilaire-du-Harcouët*
  Route de Fougère
  50600 SAINT HILAIRE-DU-HARCOUET

- *C.F.A. de Beauvais*
  Rue de l'Industrie
  60000 BEAUVAIS

- *Fédération Nationale des Artisans Ruraux*
  (pour trouver un maître d'apprentissage)
  31, Cité d'Antin
  75009 PARIS

■

Formation pour adultes

Le candidat se présente à titre individuel au C.A.P. Age minimum 18 ans. Il faut avoir travaillé 3 mois consécutifs à plein temps ou 510 heures pendant six mois consécutifs. Le stage dure neuf mois et demi. Sélection sur dossier. Renseignements :

- *Haras National de Rosières aux Salines*
  54110 DOMBASLES-SUR-MEURTHE

■

Autres préparations au C.A.P.

- *Le centre équestre de la ville de Marseille* organise une formation. 18 ans minimum, fin de scolarité obligatoire. Sélection sur dossier et à la suite d'un entretien. Renseignements :
  Centre Equestre de la Ville de Marseille
  Pastré 33, traverse de Carthage
  13008 MARSEILLE

- *L'Ecole de Maréchalerie de Saint Dié*, dans les Vosges, propose une formation professionnelle de 9 mois à temps complet. La sélection se fait sur dossier et à la suite d'un entretien. Il faut avoir 18 ans révolus. Renseignements :
  Ecole de Maréchalerie de Saint Dié
  La Forge Saint-Herem Pair et Gramdrupt
  88100 SAINT DIÉ

- *L'Ecole Royale de Maréchalerie de Bruxelles*, assure également une formation(*). Renseignements :
  Ecole Royale de Maréchalerie de Bruxelles
  Rue Léon de la Croix
  BRUXELLES ENDERLECK
  BELGIQUE

■

Les stages accélérés

Plusieurs centres privés assurent des formations plus ou moins longues en maréchalerie sans pour cela préparer au C.A.P. de cette profession. Citons en quelques-uns :

- *École des métiers du cheval*
  Mingot
  58160 DRUY PARIGNY
  Stages courts : 10 jours
  Stages longs : 6 mois

- *Maison des Compagnons du devoir*
  (une bonne adresse pour des conseils avertis)
  1 place St Gervais
  75004 PARIS

(*) Un cycle complet de quatre périodes de six mois chacune (théorie et travail à la forge). L'école vous permet de suivre une formation en ne venant que le samedi. Le diplôme de l'école n'est pas reconnu en France.

Le C.A.P. de maréchal-ferrant

Définition de l'emploi

Le C.A.P. de maréchal-ferrant sanctionne une formation professionnelle théorique et pratique qui rend son titulaire apte à exécuter les opérations nécessaires à la ferrure des chevaux de races et d'utilisation diverses (essentiellement de selle et de course au galot ou au trot).
Le titulaire du C.A.P. de maréchal-ferrant est un ouvrier qualifié qui trouve sa place dans les entreprises de maréchalerie ou auprès d'établissements hippiques assez importants.
Le C.A.P. de maréchal-ferrant est délivré à la suite d'un examen à caractère professionnel qui correspond aux besoins et aux exigences de la pratique actuelle du métier.
Les titulaires du C.A.P. doivent donc, à l'issue de leur formation :

- savoir distinguer les qualités et défauts de chaque cheval en rapport avec sa ferrure et en tirer les conclusions nécessaires à la réalisation de celle-ci ;

- connaître les normes et caractéristiques des produits et matériaux utilisés ;

- être capable de les choisir et de les façonner à l'aide des techniques manuelles et mécaniques courantes pour qu'ils soient adaptables aux pieds à ferrer ; de préparer les pieds à la ferrure ; de mettre la ferrure en place ;

- être capables d'assurer l'entretien des pieds et les interventions courantes nécessités par leur état, tant pour les chevaux habituellement ferrés que pour ceux qui ne le sont pas (élevage) ;

- connaître et appliquer les mesures de sécurité concernant :

– l'emploi des matériaux et des matériels ;

– le contact et la manipulation des chevaux ;
– la prévention des accidents ;
– les principales règles de législation du travail.

Règlement d'examen

Epreuves[1]	Coefficient	Durée
première série		
Epreuves pratiques[2]		
1.1. Forge-Fers ordinaires	3	
1.2. Ferrure courante	3	2 h 30
1.3. Forge - Fers spéciaux	1	
1.4. Ferrure spéciale	1	1 h 30
1.5. Interventions sur animaux d'élevage	2	30 mn
Total	10	
Deuxième série		
Épreuves écrites, graphiques et orales		
2.1. Expression française	2	1h 30
2.2. Mathématiques appliquées	2	1 h 30
2.3. Dessin professionnel	1	1 h
2.4. Hippologie générale[3]	1	10 mn
2.5. Technologie et prévention des accidents[3]	3	30 mn
2.6. Economie familiale et sociale et législation du travail[3]	1	10 mn
Total	10	

1. Dans les épreuves autres que les épreuves pratiques, le zéro a un caractère éliminatoire, s'il est maintenu par le jury.
2. Pour l'ensemble des épreuves pratiques, une moyenne inférieure à 10/20 est éliminatoire.
3. Épreuve orale précédée de 10 mn de préparation.

Épreuves pratiques

• *Forge - Fers ordinaires* (1.1)
Exécution, à partir d'éboutures choisies par le candidat, de 4 fers destinés à un cheval de selle sans défaut grave. Ce cheval sera au préalable présenté au candidat muni d'une ferrure courante (genre ferrure de chasse) dont le renouvellement s'impose et restera constamment à sa disposition.
Le candidat exposera les enseignements qu'il aura tirés de l'examen du cheval, quant à la manière de préparer ses fers. Il pourra, sur sa demande exprimée au moment de l'examen, disposer d'un frappeur.

• *Ferrure courante* (1.2)
L'épreuve consistera à déferrer, parer les pieds, faire porter des fers, les brocher et les river à l'anglaise. Les fers et le cheval utilisés sont ceux de l'épreuve 1.1

• *Forge - Fers spéciaux* (1.3)
Exécution, dans les mêmes conditions que pour l'épreuve 1.1, de 2 fers antérieurs ou postérieurs de la liste figurant au programme sous cette rubrique.

• *Ferrure spéciale* (1.4)
Même opération à l'anglaise que pour l'épreuve 1.2, avec les fers préparés pendant l'épreuve 1.3

• *Interventions sur animaux d'élevage* (1.5)
Plusieurs poulains de l'année, de 1 an ou de 2 ans, ou des juments, seront présentés au candidat qui indiquera leurs défauts d'aplomb et de conformation des pieds, ainsi que les interventions à envisager pour y remédier. Il exécutera effectivement une intervention sur l'un d'eux qui ne devra pas présenter de défaut grave.

Épreuves écrites

• *Expression française* (2.1)
L'épreuve porte sur un texte de 20 à 30 lignes, emprunté à un ouvrage français moderne, d'une langue et d'un style aisément accessible et parfaitement corrects. Le texte doit être concret, les idées générales étant appuyées sur des faits ou illustrées par des exemples ; il peut être évoquant ; il peut être accompagné de notes explicatives. On choisira de préférence un texte évoquant une situation ou un problème de la vie moderne, en rapport avec les préoccupations et les intérêts personnels, sociaux et professionnels des candidats.

L'épreuve comporte trois parties :

1 - Le candidat doit résumer le texte ou en indiquer la composition ou simplement faire un inventaire du contenu, la nature de l'exercice demandé étant clairement précisée (6 points).

2 - On pose deux ou trois questions sur le sens des mots ou d'expressions du texte ; le but étant de vérifier si le candidat a une connaissance suffisante de la langue commune, s'il est capable de préciser le sens d'un mot usuel dans un contexte donné et de montrer, par là qu'il comprend le texte qui lui est soumis (6 points).

3 - On demande au candidat, en un développement complet et succinct et, éventuellement, en lui posant une question précise, d'exprimer un jugement personnel et motivé sur tout ou sur une partie du texte proposé (8 points).

Nota : Les épreuves écrites 1.1. et 1.2. d'une part, 1.3. et 1.4. d'autre part, ne peuvent être absolument distinctes l'une de l'autre dans le temps, le parage des pieds pouvant intervenir avant le forgeage des fers.

On accordera une importance particulière à la présentation du travail, à l'orthographe et à la correction, compte tenu à la fois des possibilités des candidats et des exigences de leur destination professionnelle.

• *Mathématiques appliquées* (2.2)

■

Esprit de l'épreuve

L'épreuve de mathématiques doit permettre de s'assurer, d'une part, que le candidat est apte à résoudre les problèmpes essentiels qui se poseront à lui dans sa vie d'adulte, d'autre part, qu'il possède les notions essentielles pour répondre aux exigences de sa vie professionnelle.

■

Nature de l'épreuve

L'épreuve de mathématiques pourra comporter deux parties :

1. cinq ou six questions indépendantes les unes des autres qui permettront d'apprécier l'étendue des connaissances du candidat en fonction du niveau de l'enseignement dispensé dans les collèges d'enseignement technique ;

2. un problème à résoudre faisant intervenir un raisonnement et dont la solution intéresse soit la vie professionnelle, soit la vie familiale et sociale.

• *Dessin professionnel* (2.3)
Dessin à main levée d'un fer à cheval et (ou) d'un clou, en cherchant à mettre en évidence certaines de leurs caractéristiques, compte tenu du sabot et des aplombs.

- *Hippologie générale* (2.4)

- *Technologie et prévention des accidents* (2.5)

L'épreuve consiste en une ou plusieurs questions faisant appel aux programmes de technologie, d'hippologie spéciale, et accessoirement d'hippologie générale.
Des questions particulières, portant sur la sécurité et la prévention des accidents en rapport avec le sujet traité, seront posées au candidat.

- *Economie familiale et sociale et Législation du travail* (2.6)

Cette épreuve doit porter sur les notions essentielles contenues dans le programme de préparation au Certificat d'Aptitude Professionnelle dans les collèges d'enseignement technique.
Elle doit amener le candidat à réfléchir sur l'attitude à adopter devant une situation donnée qui peut concerner soit la vie professionnelle, soit le milieu familial ou social.

LE BUDGET DU MARÉCHAL-FERRANT

Voici une estimation du prix du matériel indispensable à un maréchal-ferrant pour travailler dans de bonnes conditions. A chacun de choisir ses options de matériel, en sachant qu'au prix de l'outillage s'ajoute celui du véhicule. Les prix sont extraits du catalogue des établissements Faure (prix 1992/93). Notez que les grossistes concèdent des remises et des facilités de paiement.

Outillage de base

- une enclume de 35 kg :	2 017 F.
- une forge Propaforge :	2 310 F.
- une tricoise à talon :	163 F.
- une tricoise Diamond :	410 F.
- une pince à parer :	630 F.
- une pince à river :	428 F.
- une tenaille de forge :	154 F.
- une pince à sonder :	240 F.
- une mailloche :	125 F.
- un brochoir :	194 F.
- un marteau de forge :	235 F.
- une rénette :	127 F.
- une râpe :	119 F.
- un dérivoir :	124 F.
- un dégorgeoir :	107 F.
- un poinçon :	63 F.
- un rogne-pied :	70 F.
- une perceuse simple avec son pied :	1 900 F.
- une meuleuse portative :	1 300 F.
- un tiers point :	100 F.
- une étampure à main :	230 F.
- un tablier de maréchalerie :	800 F.
soit un TOTAL de :	11 846 F.

Il faut également constituer un stock de fers, de clous, de crampons, de plaques etc.

LES ADRESSES UTILES

QUELQUES ADRESSES UTILES

Achat de matériel

EUROFER
27, Voie de la Grange des Prés
60260 Lamorlaye

FERINTER
1472, avenue Octave Butin
Marigny-les-Compiègne

FAURE
B.P. 8 - 6, rue Carnot
60610 La Croix Saint-Ouen

MICHEL VAILLANT
3, Faubourg Saint-Nicolas
B.P. 124 F
74302 Cluses Cedex

Produits divers et vitamines

PASKACHEVAL
1, avenue de l'Hippodrome
53400 Craon

Organismes et administration

FÉDÉRATION NATIONALE DES ARTISANS RURAUX
31, Cité d'Antin
75009 Paris

D.N.T.E. ASSOCIATION NATIONALE
DE TOURISME ÉQUESTRE
170, quai de Stalingrad
92130 Issy les Moulineaux

FÉDÉRATION FRANCAISE D'ÉQUITATION
25, rue de Tolbiac
75013 Paris

FÉDÉRATION DES RANDONNEURS
ÉQUESTRES DE FRANCE
16, rue des Apennins
75017 Paris

GROUPEMENT HIPPIQUE NATIONAL
215, boulevard Jean Jaurès
92100 Boulogne

HARAS NATIONAUX
Ministère de l'Agriculture
14, Avenue de la Grande Armée
75017 Paris

Journal spécialisé

INFOR MARÉCHALERIE
16, rue d'Opprebais
B-5922 Maleves Sainte Marie
Belgique

LEXIQUE

- *Ajusture* : forme donnée au fer pour qu'il ne porte pas sur la sole au niveau de la pince.
- *Aplomb* : direction d'un membre. Les bons aplombs sont dits « réguliers ».
- *Avalure* : pousse de la corne.

- *Bigorne* : partie allongée et ronde de l'enclume.
- *Bipède* : association de deux membres à l'appui.
- *Bleime* : blessure de la sole.
- *Botter* : le cheval botte en ruant. La neige botte en se tassant sous le pied.
- *Bourrelet périoplique* : situé au dessus du sabot, il sécrète un vernis naturel nommé périople.
- *Boutoir* : sorte de rabot que les anciens utilisaient pour tailler la corne.
- *Brochoir :* petit marteau qui sert à enfoncer les clous.

- *Cagneux :* les pieds cagneux sont tournés vers l'intérieur (contraire de panards).
- *Collet* : partie du clou abritée par le fer.
- *Compas d'angularité* : instrument destiné à mesurer l'angle entre la paroi et la surface plantaire.
- *Contre-perçures* : perforation dans le fer destinée à laisser passer la lame du clou.
- *Couronne* : renflement de chair au dessus du sabot.
- *Coussinet plantaire* : partie interne du pied située sous la fourchette.
- *Couteau anglais :* couteau à lame courbe qui sert à tailler la corne tendre.
- *Couverture* : distance entre les deux rives du fer.

- *Dégorgeoir* : outil qui sert à pratiquer une encoche destinée à recevoir le rivet.
- *Dérivoir* : outil destiné à déplier les rivets.

- *Easy-boot* : sorte de sandale qui protège la corne de l'usure.
- *Eponge* : extrémité du fer.
- *Etampe* : outil destiné à former une étampure.
- *Etampure* : perforation dans le fer où se plonge la tête du clou.

- *Fourchette* : partie de corne en forme de V située sous le sabot.

- *Garniture* : partie du fer qui dépasse du sabot.
- *Glôme* : renflement de corne qui coiffe le talon.

- *Lacunes* : cavités médianes et latérales de la fourchette.
- *Ligne blanche* : ligne d'union de la paroi du sabot avec le bord externe de la sole. Elle est également appelée sillon circulaire.

- *Mailloche* : petit marteau du maréchal-ferrant.
- *Mamelle* : partie du sabot et du fer située entre la pince et le quartier.
- *Membrane kératogène* : enveloppe « de chair » du pied.
- *Muraille* : partie visible du sabot appelée également paroi.

- *Panards* : les pieds panards sont tournés vers l'extérieur (contraire de cagneux).
- *Parage* : action de trancher l'excès de corne.
- *Paturon* : partie du membre située au dessus du pied.
- *Périople* : sorte de vernis naturel sécrété par le bourrelet périoplique.
- *Pince* : partie antérieure du sabot et du fer.
- *Pince à parer* : sorte de tenaille très tranchante qui sert à trancher la corne.
- *Pince à river* : outil qui sert à recourber l'extrémité du clou pour « former le rivet ».

- *Pinçon* : languette triangulaire sur le fer qui améliore sa tenue.
- *Plate-longe* : lanière de cuir dont le teneur de pied se sert pour maintenir le pied levé.
- *Podophylle* : tissu qui assure l'union entre la partie vivante du pied et l'enveloppe de corne insensible.

- *Quartier* : partie du sabot et du fer situé entre la mamelle et l'éponge.

- *Rive* : contour du fer, rive externe et rive interne.
- *Rivet* : partie du clou rabattue contre le sabot.
- *Rogne-pied* : sorte de lame sans manche destinée à tailler la corne.

- *Seime* : fente dans la corne du sabot.
- *Sillon circulaire* : voir ligne blanche.
- *Sole* : partie inférieure du pied autour de la fourchette.
- *Surface plantaire* : surface du pied en appui avec le sol.

- *Tournure* : forme donnée au fer pour l'adapter au contour du pied.
- *Tricoise* : tenaille du maréchal-ferrant.

- *Voûte* : arrondi du fer en rive interne.

Aubin Imprimeur

LIGUGÉ, POITIERS

IMPRESSION — FINITION

Dépôt légal : avril 1993
N° d'impression : L 42573
Imprimé en France